亲手钩出温暖的爱

从零开始学钩鞋

家居毛线钩鞋贴心全彩图谱

徐骁 欧阳小玲 著

·郑州·

河南科学技术出版社

图书在版编目（CIP）数据

家居毛线钩鞋：贴心全彩图谱 / 徐　骁，欧阳小玲著. —郑州：河南科学技术出版社，2014.10（2018.2 重印）
ISBN 978-7-5349-7290-4

Ⅰ. ①家…　Ⅱ. ①徐…　②欧…　Ⅲ. ①鞋－钩针－编织－图集　Ⅳ. ① TS941.763.8-64

中国版本图书馆 CIP 数据核字（2014）第 196757 号

出版发行：河南科学技术出版社
地址：郑州市经五路 66 号　邮编：450002
电话：(0371)65737028
网址：　www.hnstp.cn
责任编辑：冯　英
责任校对：张　敏
整体设计：赵若惟　霍胤良
责任印制：张艳芳
印　　刷：河南新达彩印有限公司
经　　销：全国新华书店
幅面尺寸：148mm × 210 mm　印张：5.5　字数：150 千字
版　　次：2014 年 10 月第 1 版　　2018 年 2 月第 6 次印刷
定　　价：25.00 元

目录

序

我的母亲叫欧阳小玲。我叫徐骁，在景德镇昌河汽车有限责任公司工作。

我们的第一本书《家居毛线钩鞋图案大全》，得到河南科学技术出版社的肯定，于 2013 年 10 月出版，那时候心中真的是无比兴奋与激动，至今每次回想，内心都会回荡出当时的感动之情。

第一本书面市后，接下来的时间，我们不断地跟读者交流与沟通，我们很开心地发现，许多读者对此书抱有极高的热情与期望，他们还不断地向我们提出各种意见与建议，期望我们能够做得更好，更完美。他们的热心与激情，真的让我们深深体会到了一种责任感，这种责任感驱使我们不断地收集这些建议，并用了将近一年的时间去努力修正与完善。

这一年我们过得充实而努力，我母亲不断地钩制新鞋，而我也不断地绘制图谱。为了能验证更多的新图谱，她经常连夜钩鞋，以至于腰椎、颈椎常常酸痛难忍，手臂也麻木得抬不起来，可是，她依旧执着地不肯停歇，为的就是，不让读者的热情落空，不让众多钩鞋爱好者失望。

我们这次的修正与更新，可以说是跨越式的改进：

首先，我们将钩鞋教程做了一些细微的调整，使其看上去更加流畅易懂；将一些图谱的名字稍做修改，使其更加通俗有意义，更符合大众百姓的习俗喜好；对部分图谱的图案花式以及颜色搭配进行了调整，使其看起来更加形象和漂亮。

其次，我们利用了大半年的时间，重新赶制了许多新的图案，使得这本书不仅仅囊括了原书的 100 多种图案，更是新增了 50 多种图案，现在一共有 150 多种图案可以供君挑选。

再次，是整本书更新最大的地方，也是相对上一本书最大的优势所在，我们特地花了大半年的时间，把全部图谱都修改成了彩图，让图谱更加鲜明易懂，让读者一目了然，使用起来更加方便。

最后，我们还拍摄了视频资料，你可以通过下方链接观看：登陆 www.hnstp.cn 读者服务频道，观看《家居毛线钩鞋——贴心全彩图谱》教学视频。或通过腾讯网视频地址 http://v.qq.com/boke/page/d/a/1/d0134qnwaa1.html 观看。

终于，在今天，我们推出了这本《家居毛线钩鞋——贴心全彩图谱》。

希望这本新书的出版，能够让更多的读者喜爱上钩鞋，能够让更多喜爱钩鞋的读者在书中获得自己想要的东西。

如果你有看不懂的地方，有宝贵的意见或建议，可以通过 QQ 与我联系，QQ 群号 102970179。同时，也希望这里能成为钩鞋爱好者聚集的乐园，我们可以在这里切磋技艺，交流经验，让钩鞋这一传统工艺给我们的生活增添更多美丽的色彩。

徐骁 2014.8

钩鞋工具和材料

钩鞋所需的工具和材料很简单，钩针、毛线、鞋底，这三样就行了。当然，手头还需备一把剪刀，剪断毛线时用。

如果不知道去哪里买钩针，直接上网找吧。

在淘宝上搜索“钩针”，各种标号、材质的钩针应有尽有。

钩针标号的大小是指钩针头的大小，一般根据线的粗细来选择。

同样粗细的线，用标号大的钩针钩出的鞋比较稀松，用标号小的钩针钩出的鞋比较密实。

初学者选择标号略大的钩针比较容易上手。

有的钩针是一头有钩，有的钩针是两头有钩。

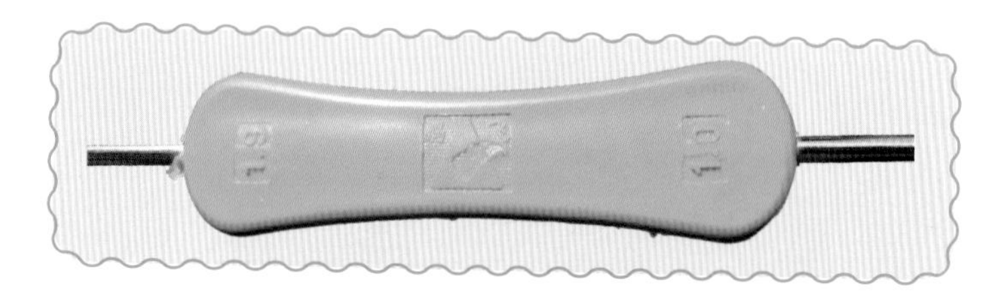

如图，初学时可用 1.9mm 的一头钩，熟练后可换 1.0mm 的一头钩。

毛线

毛线有粗细之分。

粗线钩出的鞋较稀松，细线钩出的鞋较密实。粗线钩起来针数少，速度较快；细线钩起来针数多，速度较慢。

毛线按材质可分为腈纶毛线、纯羊毛毛线、混纺毛线，各有不同的特点，都可用来钩鞋。

腈纶毛线的优点是便宜，每斤（500 克）只需十几元钱，耐磨，耐菌虫腐蚀；缺点是容易起小球，舒适性、保暖性较差。

纯羊毛毛线的优点是舒适，保暖性好；缺点是价格较贵，每斤（500 克）需几十至上百元，耐磨性差，不耐菌虫腐蚀。

混纺毛线的价格、舒适性、保暖性、耐磨性、耐菌虫腐蚀性等都介于上面的两种毛线之间。

鞋上的图案是用不同颜色的线来表现的。所以要备好自己喜欢的颜色，线的粗细要一致。

本书所选的毛线是腈纶的，中粗的，粗细为 2 ~ 3mm。

38 码的鞋每双大约需用线 4 两（200 克）。

鞋底

网上各种鞋底应有尽有，可根据自己的需要和喜好选购。

最省事的是用现成的鞋底，上面附有一层布，包边和打底线都已做好，大约每双需五六元。

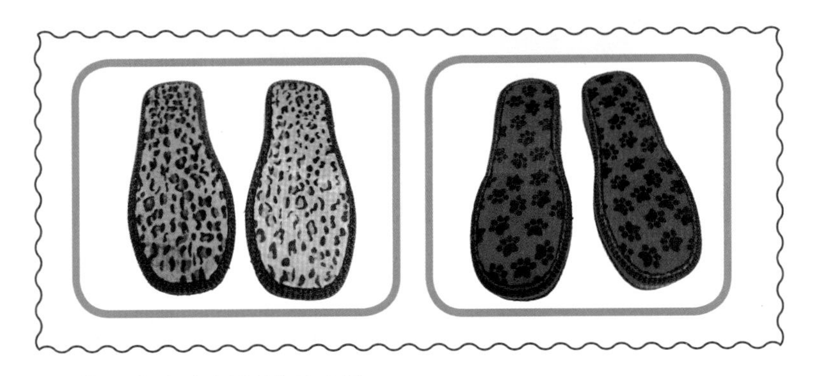

鞋底的大小根据需要选择。

本书所选的鞋底是 38 码的。

打底线

钩鞋时首先要弄清楚什么是打底线。打底线是指缝在鞋底边缘的一圈线。打底线是分节的，如图所示，钩针从一节打底线下穿入。

顺便说一句，过去买的鞋底上不带打底线，要自己制作，比较麻烦。

上面介绍的三样东西都准备好了吧，

来吧，

开始我们轻松、

有趣的钩鞋之旅吧。

钩鞋方法和步骤

钩鞋时首先要沿着打底线钩几圈线，就像盖房子的地基一样，我们这里也称为地基。然后在地基上一排一排地钩出鞋面即可。

钩鞋的针法很简单，钩地基的针法是短针，钩鞋面的针法是长针。

地基

第 1 层地基

起针

钩鞋的起始点在鞋跟的一侧。把钩针穿过打底线，钩住毛线。

把线从打底线下钩出来，形成线圈。

把主线(与线团相连)绕在钩针上。

钩住线，从线圈中拉出。

适当拉紧。好了，到这里，起针就完成了。接下来，把钩针插入下一节打底线，开始钩短针。

短针

下面的 5 幅图详细介绍了短针针法。

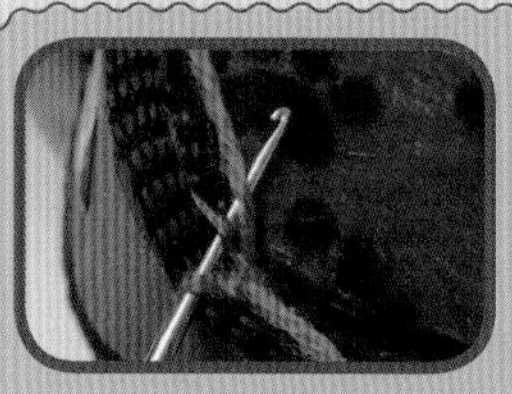

钩针插入打底线，线头线搁在钩针上。

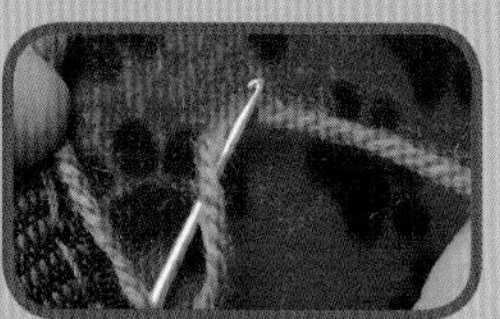

钩针钩住主线。

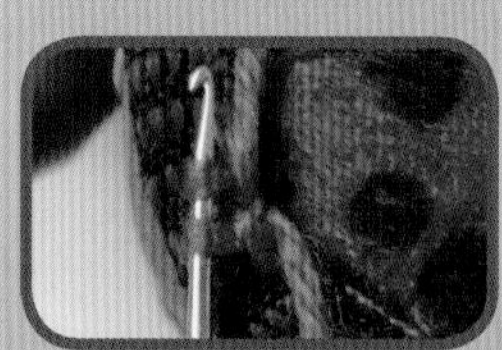

钩针钩住主线从打底线下钩带出来，形成两个线圈。此时需要注意，不要钩线头线，无视它，钩针仅从打底线下钩带出主线即可。

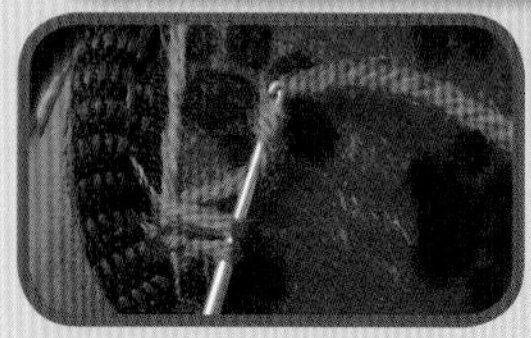

钩针再次钩住主线。

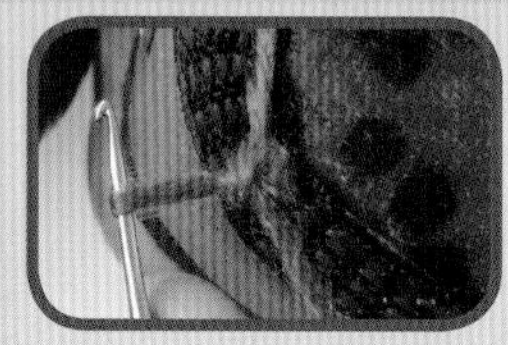

钩针钩住主线从两个线圈内穿出来，适当拉紧,形成一个线圈。至此,一个短针完成。

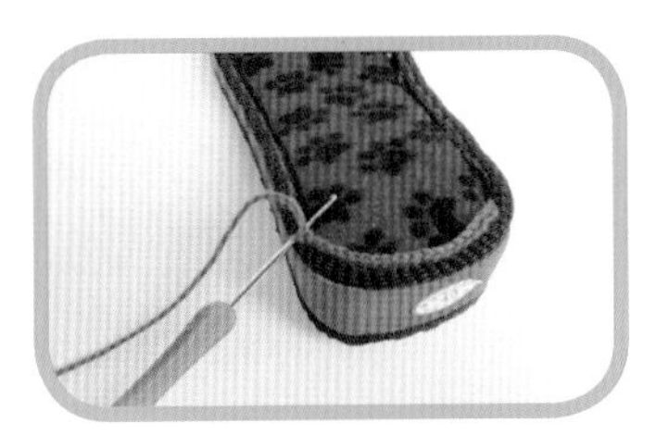

继续

在同一节打底线内继续钩短针。一般来说，同一节打底线内钩三个短针。钩完之后，我们再取相邻的打底线钩三个短针，就这样依次钩下去。

需要注意的是，前面我们每次钩短针都将线头线搁在钩针上，且每次都不钩它，渐渐的，线头线就会随着打底线一起，被压入短针里面。当线头线全都被压入至短针里面不见的时候，就没有了将线头线搁在钩针上的那个小步骤了。

首尾相接

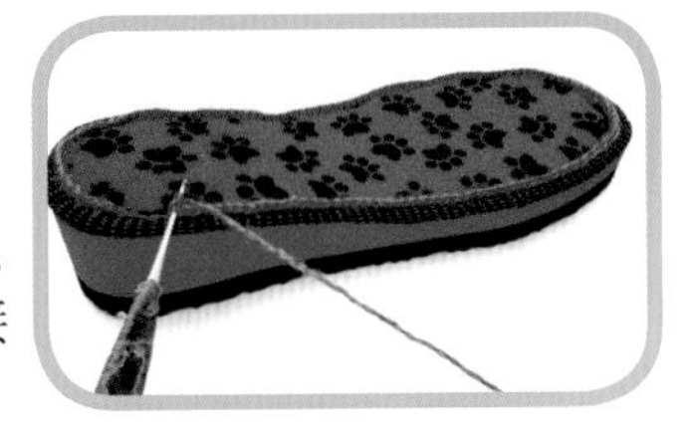

沿着打底线，以短针一路钩下去，现在基本上钩了一圈了，到了首尾相接处。钩一个短针收尾。

把钩针穿入起针位置的孔隙中。

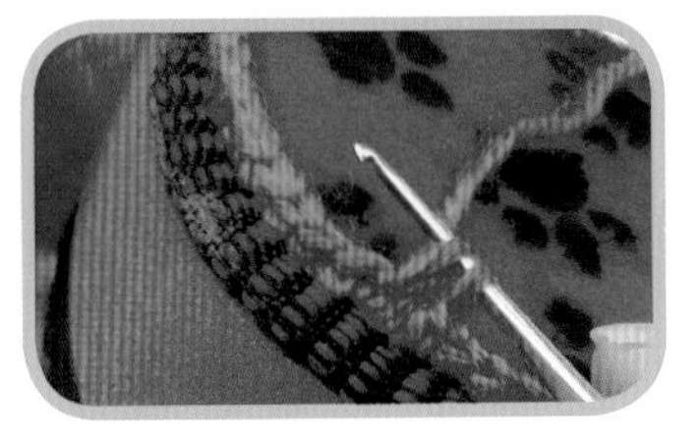

把线绕在钩针上，钩住线，从孔隙中拉出。

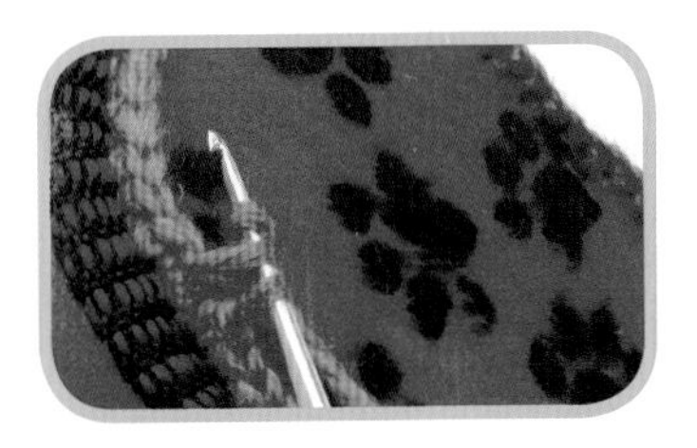

把线绕在钩针上。

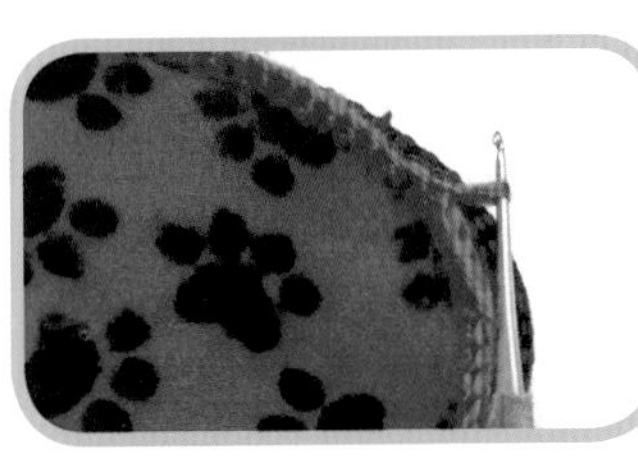

把线从 2 个线圈中拉出来。

到这里，第 1 层地基就钩好了，形状微竖。

从内侧看，各针间都有清晰的孔隙，这些孔隙就是钩第 2 层地基要穿入的地方。

第 2 层地基

第 1 层地基我们是按顺时针方向钩的，第 2 层地基则相反，按逆时针方向钩。如下图所示，还是钩短针。

沿着第 1 层地基的孔隙，每个孔隙内钩一个短针，一路钩下去。

钩到鞋跟处与起点相对的位置即可。将线圈拉长，抽出钩针。

把线剪断。

至此第 2 层地基也完工了，可以看出，第 2 层不是整圈，鞋跟处的一段没钩。

鞋面

地基钩好后，就要开始钩鞋面了。

起针

钩针从鞋头一侧第 2 层地基线的一个孔隙中穿入。线头要留得足够长，长度要比鞋长略长。

把线从孔隙中带出，形成一个线圈。

把线绕在钩针上。

钩住线，从线圈中拉出，并适当拉紧。鞋面第一排的起针就完成了。

继续

接下来钩长针，下面的 8 幅图详细介绍了长针针法。

长针

把线绕在钩针上。

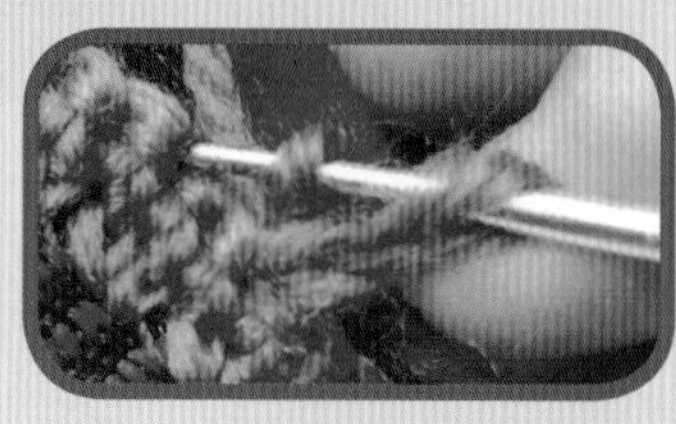

把钩针穿入相隔的孔隙中（即中间空 1 个孔隙）。如果把起针处算作第 1 个孔隙，这里就是第 3 个孔隙。

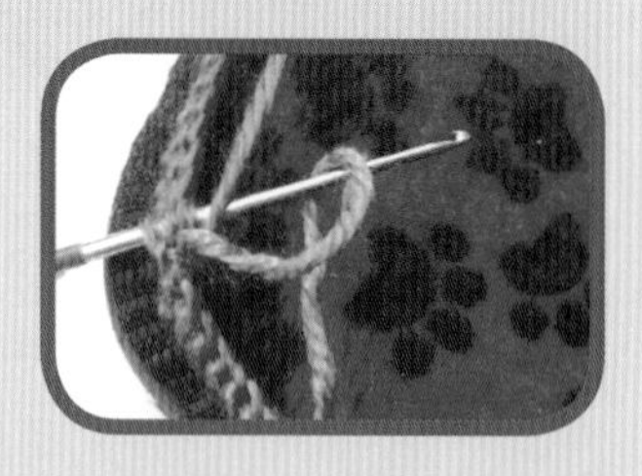

钩针穿过去，把线头放在钩针之上，再把线绕在钩针上。

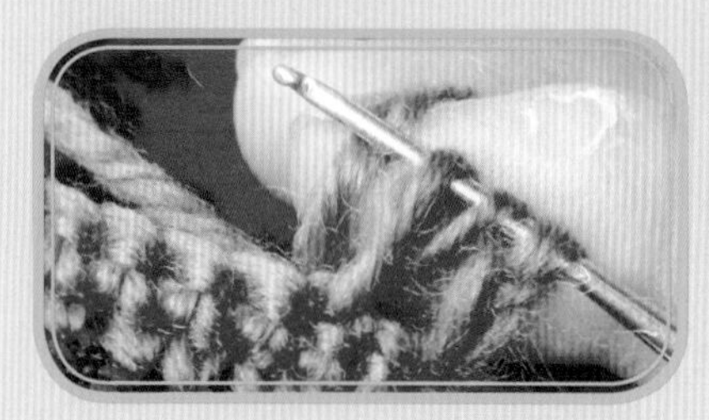

用钩针把线从孔隙中钩出，注意不要把线头线带回，只需钩住绕线，从线头下带出。线头自然地被压在鞋内侧。这时，钩针上有 3 个线圈。

把线绕在钩针上。

钩住线往回带，经过两个线圈拉出（最后一个线圈不穿），适当拉紧。这时钩针上有 2 个线圈。

把线绕在钩针上。

钩住线往回带，穿过两个线圈拉出，适当拉紧。

继续用长针的针法钩。

注意下一针还穿入同一孔隙中，即与起针处相隔的第 3 个孔隙。

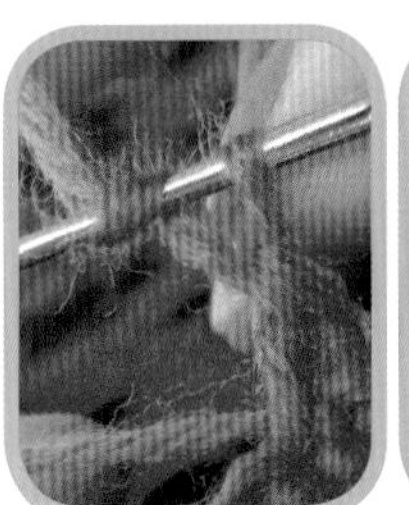

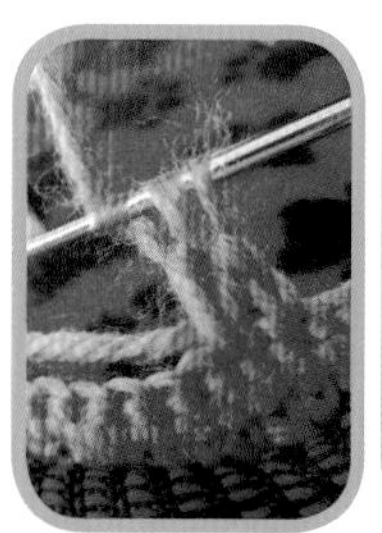

同样的方法，在第 5、第 7、第 9、第 11 个孔隙中各钩 2 个长针，就到了鞋头另一侧与起针对称的位置，该收针了。

收针

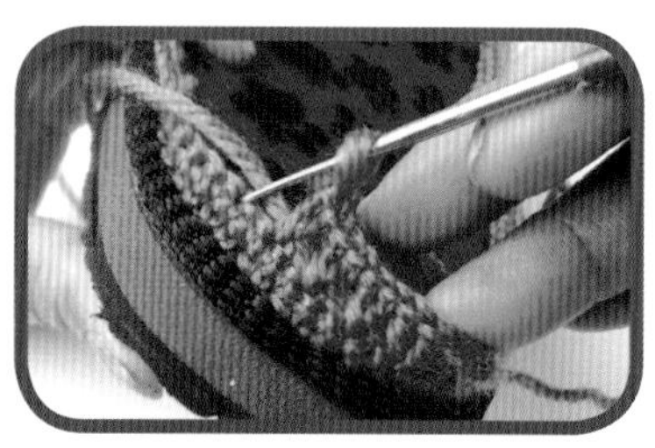

此时钩针上处于一个线圈的状态，直接将钩针穿入相隔的孔隙中。

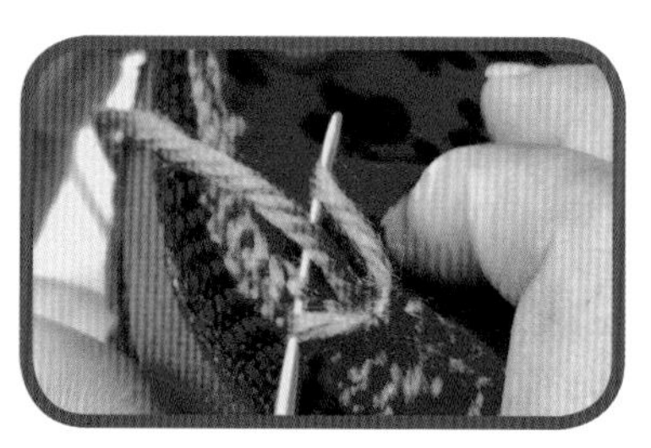

把线头搭在钩针上，再把线绕在钩针上。

将钩针钩住绕线，从线头线下拉出孔隙，形成 2 个线圈。

钩住前一个线圈，穿过后一个线圈，最终形成一个线圈。

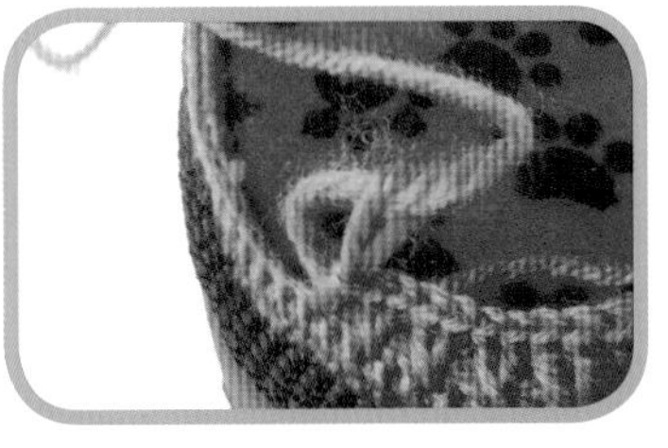

将钩针钩住线头线，穿过线圈拉长，取下钩针。

将线拉紧，不要剪断。

到这里，鞋面的第 1 排就钩好了。

总结一下

钩第 1 排时，钩针穿过的是第 2 层地基的孔隙，在这里我们一共穿过了 7 个孔隙：其中第 1 针起针和最后 1 针收针各占 1 个孔隙，钩针在其中各穿了 1 次；在其余的 5 个孔隙中，钩针各穿了 2 次。

穿过了 7 个孔隙，我们称为钩了 7 针，起针是第 1 针，收针是第 7 针。

第 1 针和第 7 针各钩 1 个短针，其余 5 针是各钩 2 个长针。

第 1 排的针数不一定局限于 7 针，可多可少。

针数少会显得鞋头尖，针数多显得鞋头宽。可根据实际需要确定。

第2排

起针

把线拉回到右侧。与第 1 排一样，钩针也是从第 2 层地基的孔隙中穿入，穿针的位置在第 1 排起针孔隙的右侧，相隔 1 个孔隙。

把线从孔隙内带出，形成一个线圈。

把线绕在钩针上。

把线从线圈内带出，适当拉紧，第 2 排的起针就完成了。

继续

接下来钩长针。

如下页图所示，把线绕在钩针上。将钩针隔 2 个孔隙穿入第 2 层地基的孔隙中，这个孔隙与第 1 排第 1 针的孔隙相邻，位于其左侧。先在这个孔隙中钩 1 个长针。

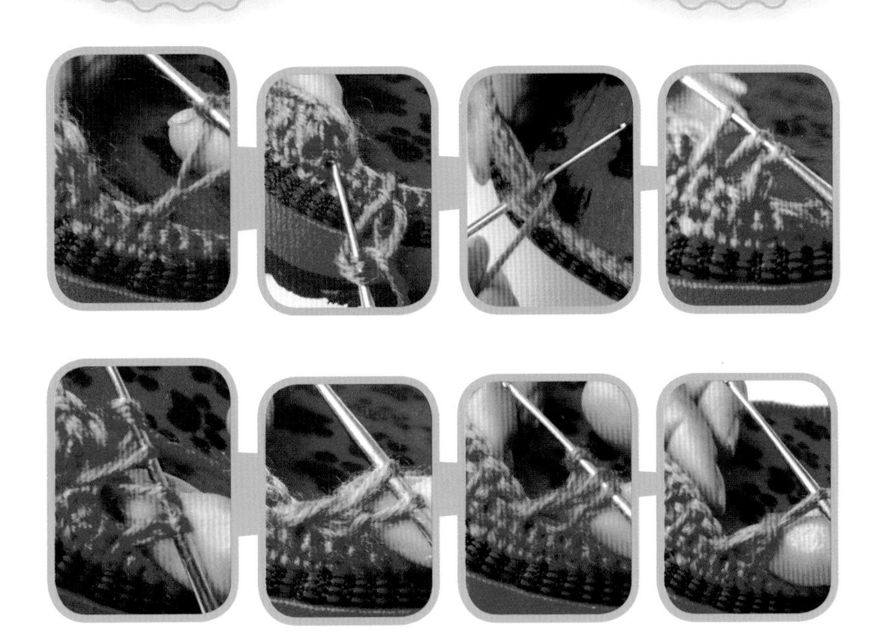

同第 1 排一样，在这个孔隙中再钩 1 次长针，转入相隔的孔隙中，在其中钩 2 次长针，再转入下一个相隔的孔隙中。如此这般直到在第 1 排收针孔隙右侧相邻的孔隙中钩完，就该收针了。注意拉回右侧的那段线要压在内侧。

收针

收针时把钩针穿入左侧隔 2 个的孔隙中，针法与第 1 排一样。

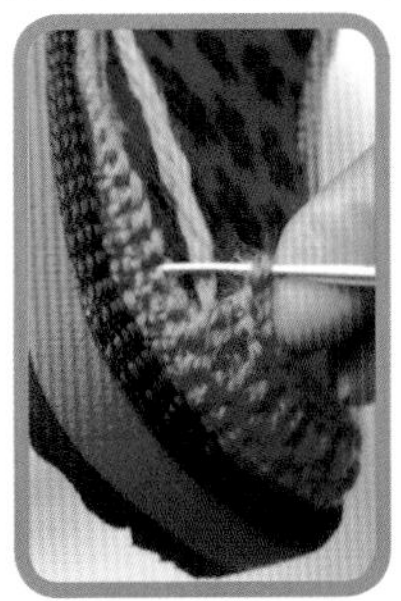

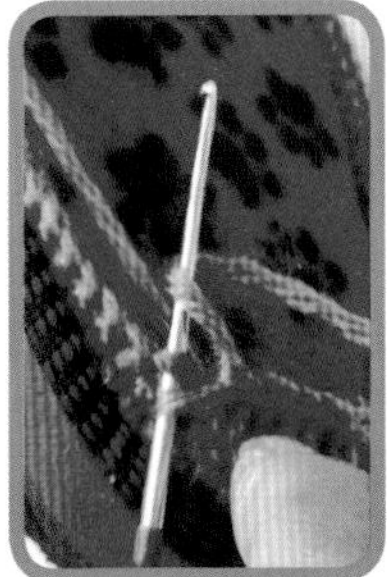

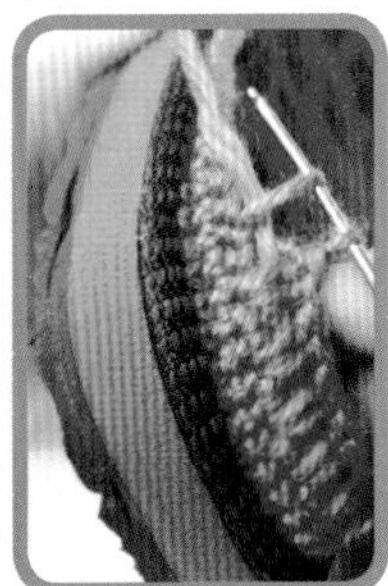

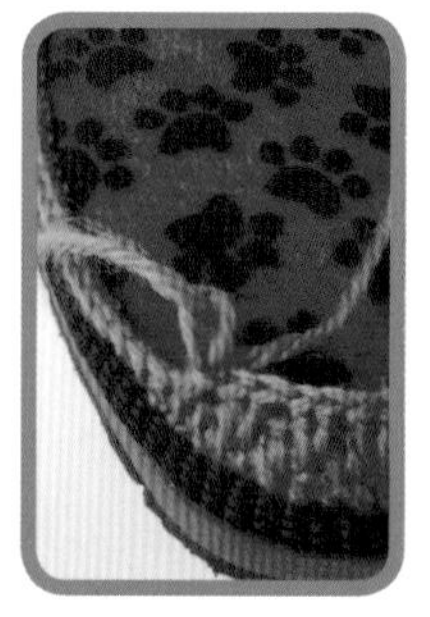

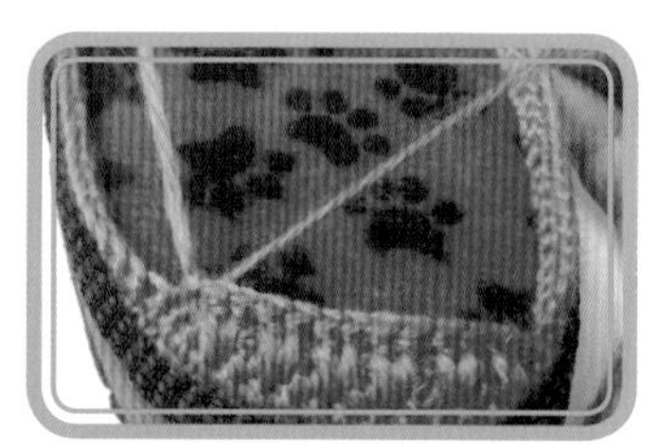

第 3 排

起针

把线拉回到右边，把钩针穿入孔隙，该孔隙位于第 2 层地基上，在第 2 排起针穿入孔隙的右侧，隔 1 个孔隙。起针的方法和前两排相同。

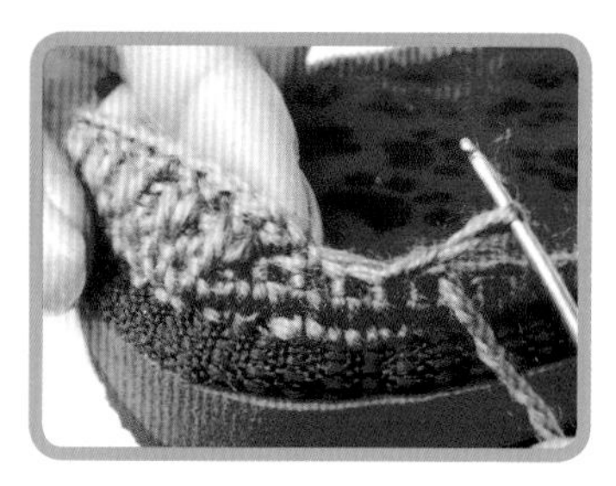

继续

起针完成后，同钩第 2 排的方法一样，把钩针穿入左侧隔 2 个孔隙的孔隙中，即把钩针穿入第 2 排起针左侧相邻的孔隙中，这个孔隙也位于第 2 层地基上，在其中钩两个长针。

再往下，左侧的第 2 层地基的孔隙在钩第 1 排和第 2 排时已分别穿过，所以接下来穿入的孔隙不是位于第 2 层地基上，而是第 1 排形成的孔隙。

把线绕在钩针上，穿入第 1 排第 2 针的 2 个长针形成的孔隙中，钩 2 个长针。

接下来再穿入第 1 排第 3 针的 2 个长针形成的孔隙中，钩 2 个长针。

这样一直钩完第 7 针。

第 8 针穿入的孔隙又回到第 2 层地基上，位于第 2 排最后 1 针穿入孔隙的右侧，相邻的孔隙，在其中钩 2 个长针。

第 9 针是收针，只钩 1 个短针。穿入的孔隙位于第 2 层地基上，在第 2 排最后 1 针穿入孔隙的左侧，相隔 1 个孔隙。

第 4 排

第 4 排的钩法与第 3 排基本相同，前两针与后两针穿入的孔隙位于第 2 层地基上。中间 8 针穿入的孔隙是第 2 排的长针形成的。

第 4 排之后

同样，第 5 排、第 6 排的前两针与后两针穿入的孔隙位于第 2 层地基上。中间几针穿入的孔隙分别是第 3 排、第 4 排的长针形成的。

按这种方法往下钩，每一排都比前一排增加 1 针。

遇到钩图案时，换上相应颜色的线即可。

收尾

对这款38码的鞋来说，鞋面钩到28排以上就可以收尾了。若是40码的鞋，需钩到30排以上。

鞋面钩多少排不是绝对的，可根据需要来定。多则鞋面长，少则鞋面短。

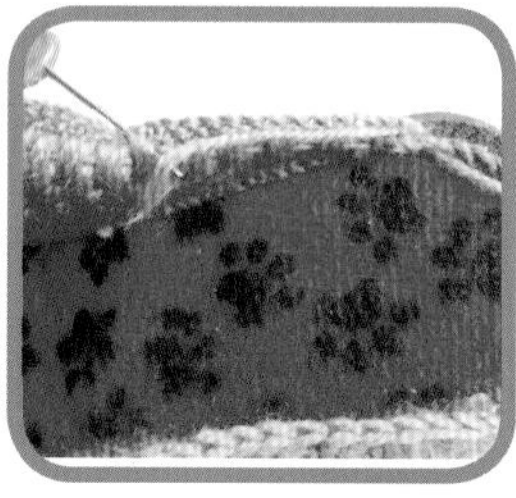

收尾时先把线头埋在鞋面内侧。如上图所示。

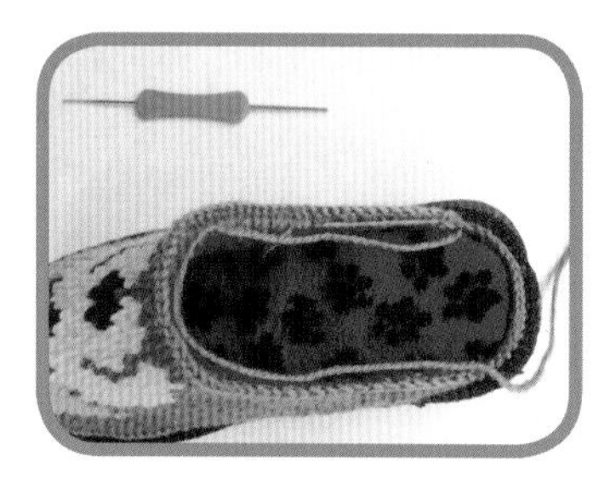

把线沿鞋口拉到鞋跟的另一端。

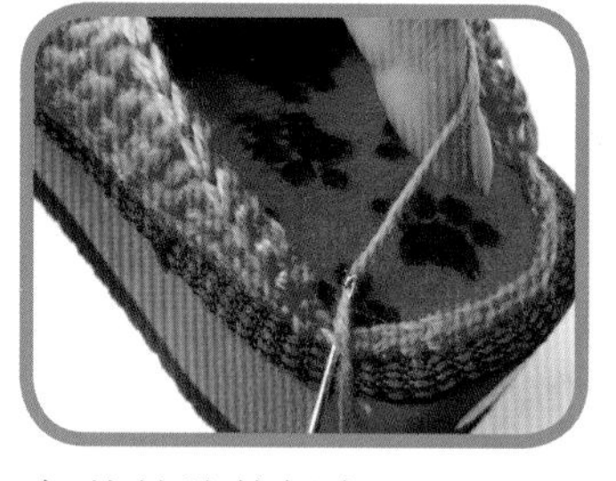

把钩针从外侧穿入地基孔隙中。

钩一个短针。

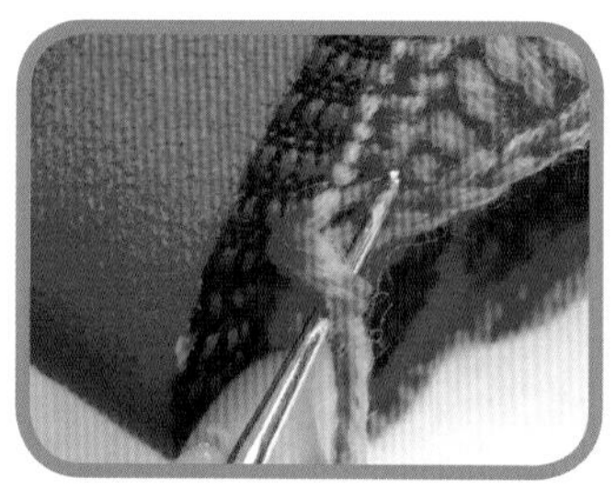

钩针再从外侧穿入鞋口处的孔隙中。

把从内侧拉过来的那段线放在钩针上。

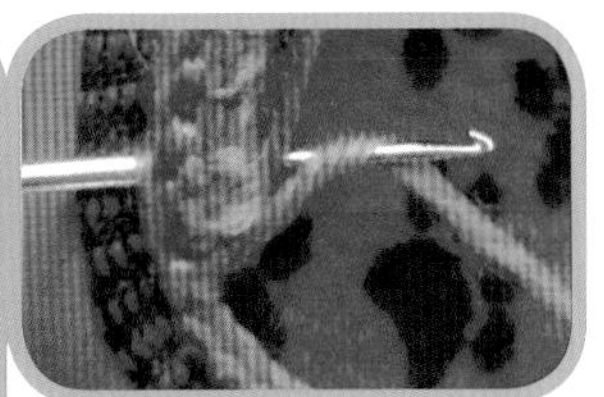
把线绕在钩针上。

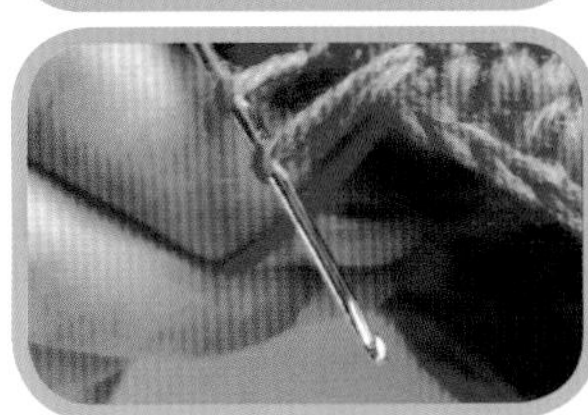
把绕线从孔隙中拉出，形成2个线圈。

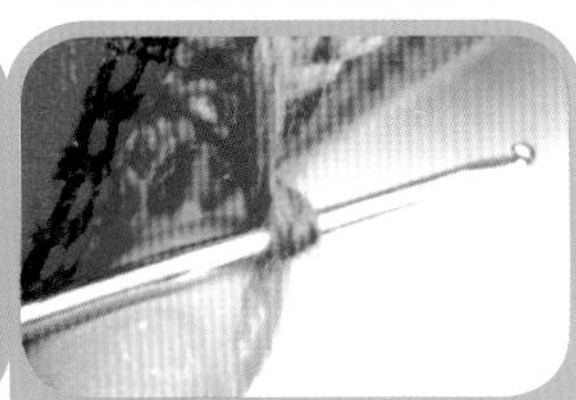
把钩针水平转1圈，使2个线圈扭在一起。

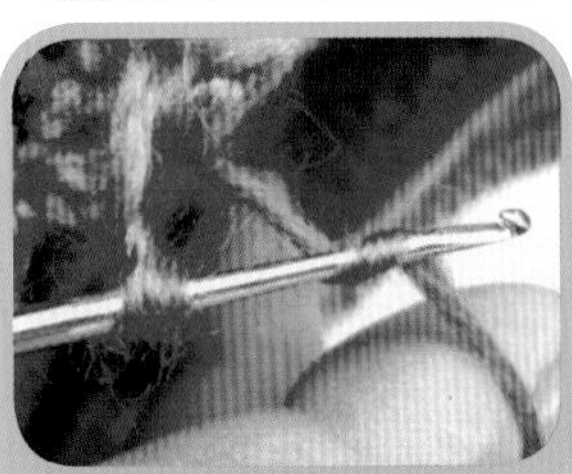
把线绕在钩针上。

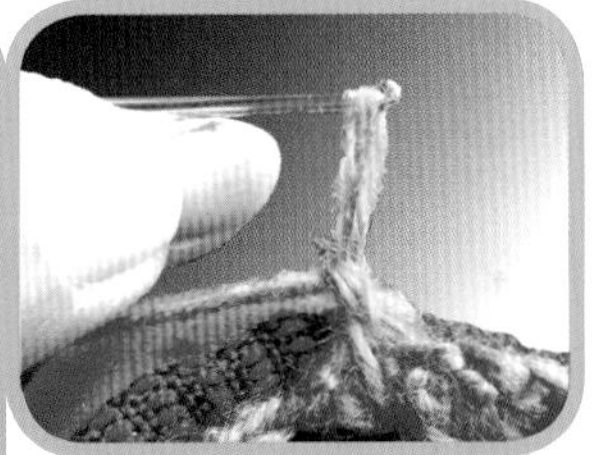
从扭在一起的线圈中钩出即可。

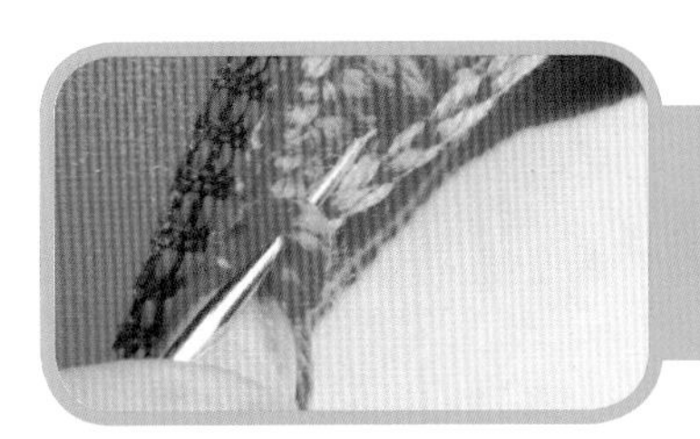
把钩针穿入相邻的孔隙中，重复上面的6个步骤。

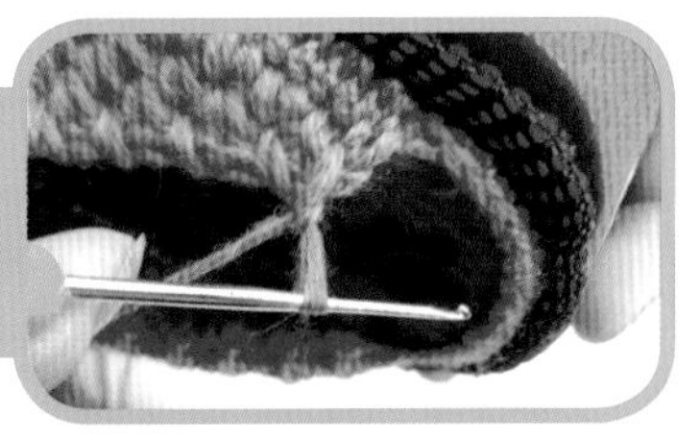
沿着鞋口一路钩下去，直到鞋跟相应的位置。

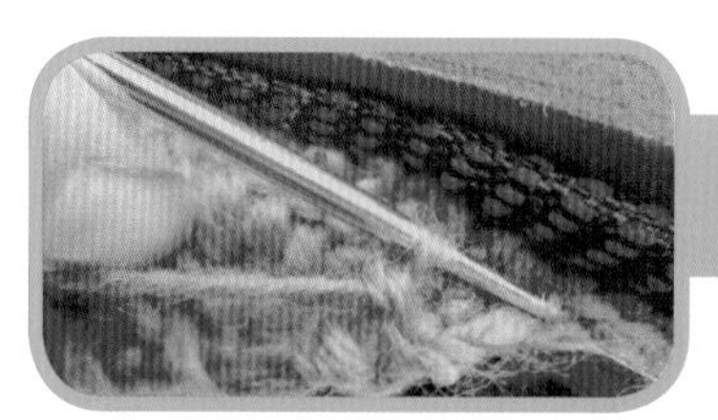

最后 1 针穿入的孔隙位于第 2 层地基上。

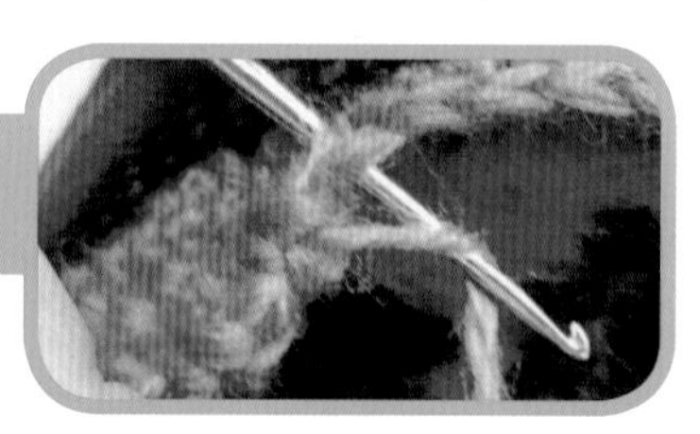

把线绕在钩针上。

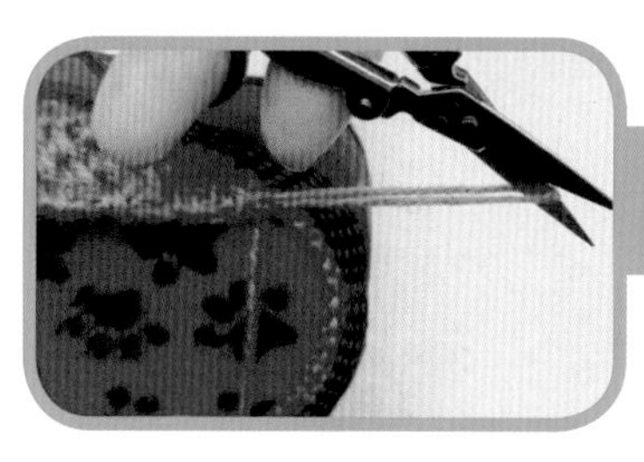

把绕线从孔隙中钩出。

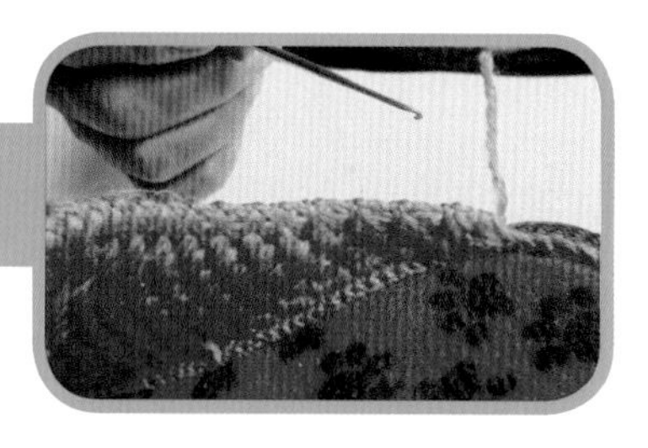

再从后 1 个线圈中钩出即可。

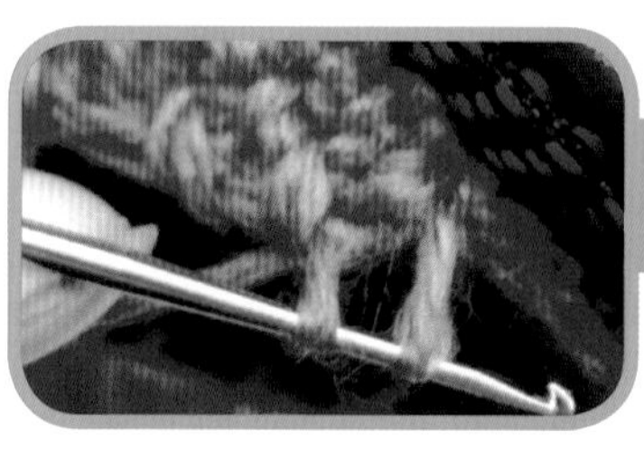

把线留出几厘米的长度，剪断。

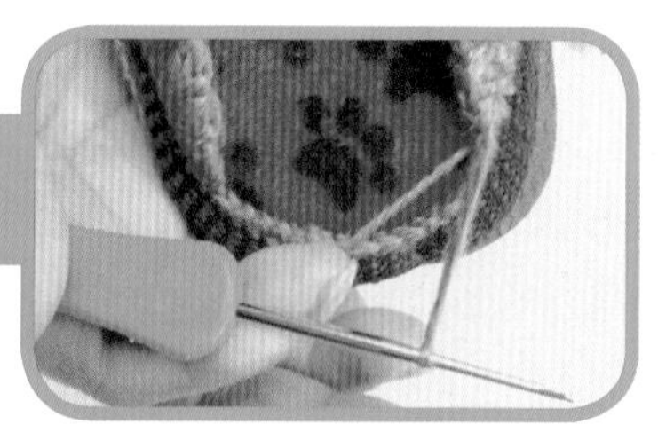

形成一个线头，下面把线头埋起来就行了。

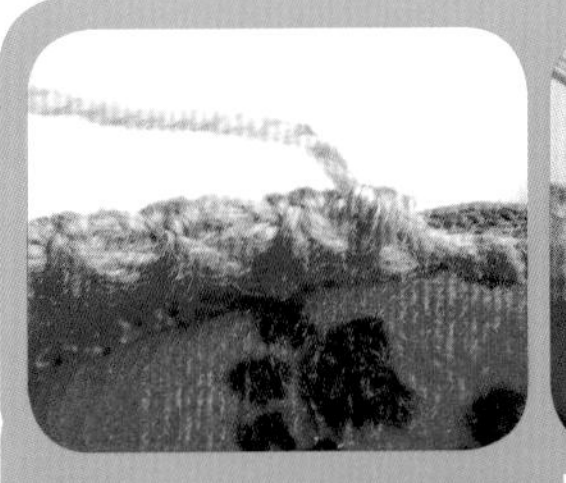
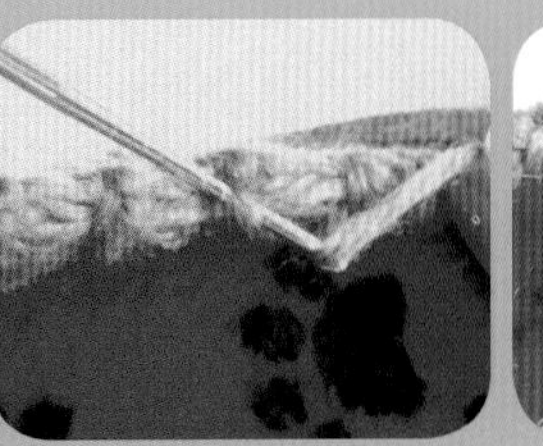
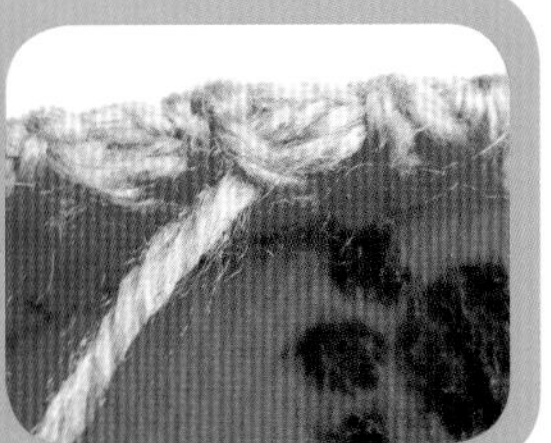

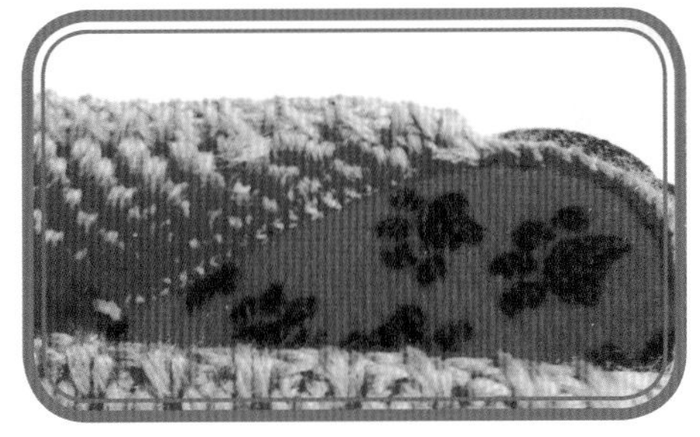

看，线头埋好了，天衣无缝了吧。

好了，到这里，钩鞋的基本方法就介绍完了，相信你应该能比葫芦画瓢了吧。

钩鞋的方法有很多种，我们这里介绍的是比较繁琐的钩制方法。之所以选择这种方法，是因为这样钩出来的鞋比较紧实，穿起来不会因为毛线的弹性而使鞋显得拖沓，这样不易磨损毛线，而且穿起来比较保暖舒适。

钩鞋图案和图谱

鞋面上可以根据喜好钩出各种图案。

图案是通过不同颜色的线来表现的。

我们在书中介绍了 150 多种图案的图谱，并附有实物效果图片。

图谱中用彩色的符号来代表不同的颜色。可参考实物效果图片配色。

同一个图案，不同的鞋码要从不同的排开始钩。

根据图谱中的“建议”，可以推算出从第几排开始换色、钩图案。

例如“7 针起花”，“7”表示除了起针和收针，中间穿过的孔隙数，也就是中间钩了多少对长针。

如果是 38 码的鞋，鞋面第 1 排除去起针和收针，中间钩了 5 对长针；第 2 排钩了 6 对长针；第 3 排钩了 7 对长针，那么，根据建议，我们应该从第 3 排开始换线钩图案。

对于 40 码的鞋，鞋面第 1 排除去起针和收针，中间钩了 6 对长针；第 2 排就应钩 7 对长针，那么，根据建议，我们应该从这排开始换线钩图案。

有些图案图谱中的“建议”是“无”，这些图案一般比较小，对开始的位置要求不高。如果图案比较大，最好按建议来起花，以免开始晚了，图案不能完成就该收尾了。

初生花芽

建议：8针起花

红苹果

建议：11 针起花

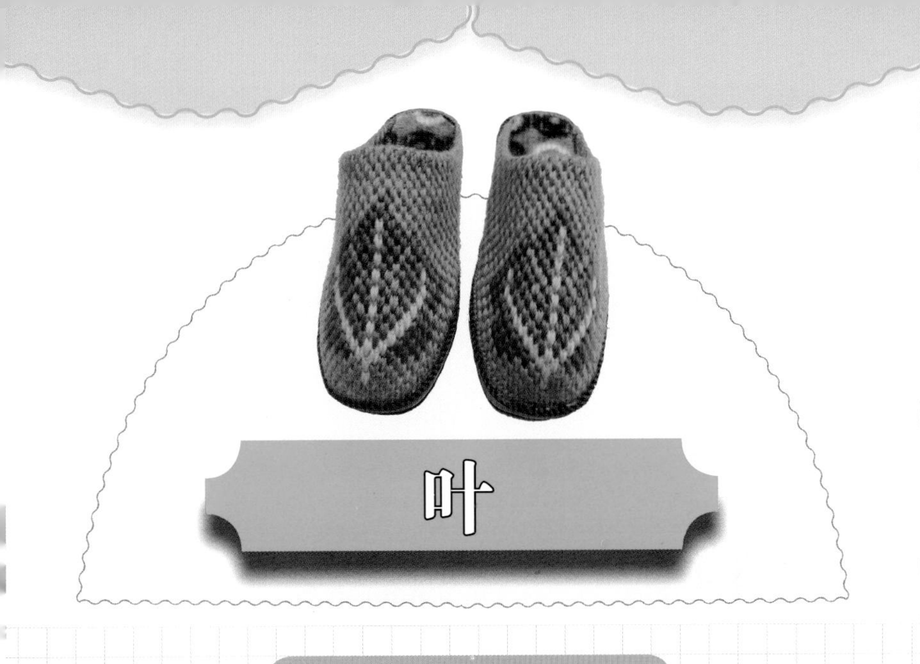

叶

建议：9 针起花

白萝卜

建议：无

西红柿

建议：无

牡丹花开

建议：7 针起花

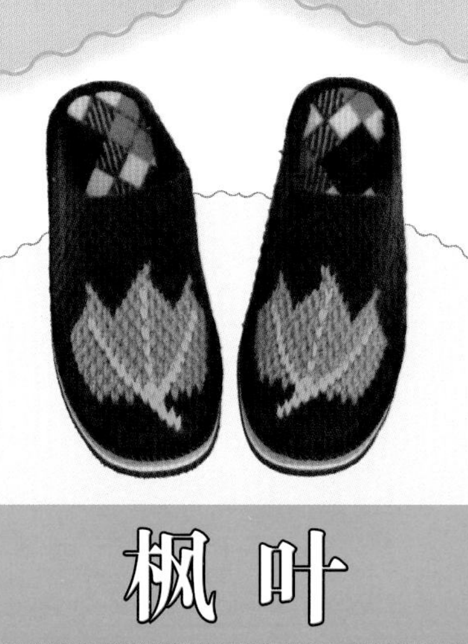

枫叶

建议：8 针起花

三花一景

建议：无

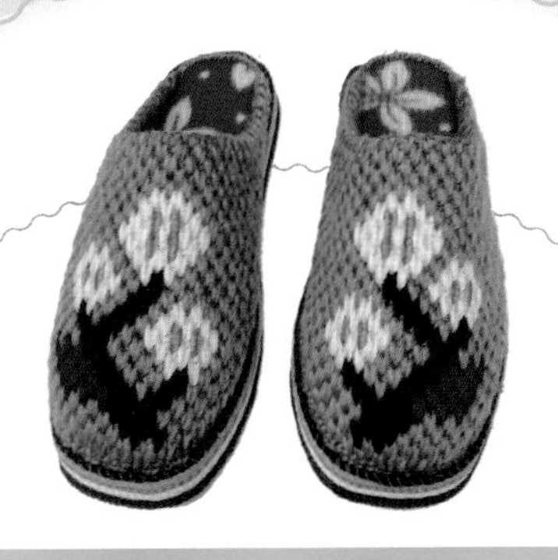

鸢尾花

建议：9 针起花

蜀葵

建议：9 针起花

梅花怒放

建议：9 针起花

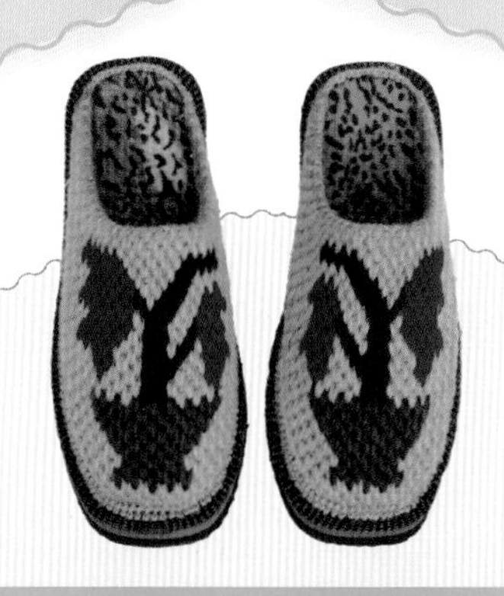

大叶盆景

建议：7 针起花

虞美人

建议：9 针起花

美人樱

建议：9 针起花

盛 开

建议：无

五花绽放

建议：10 针起花

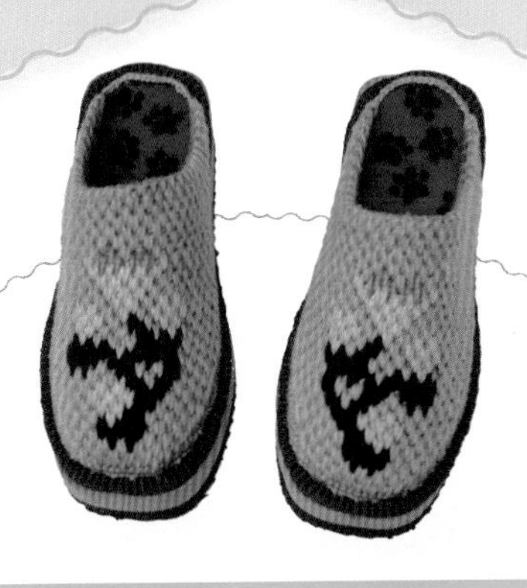

一花独秀

建议：8 针起花

腊梅

建议：8针起花

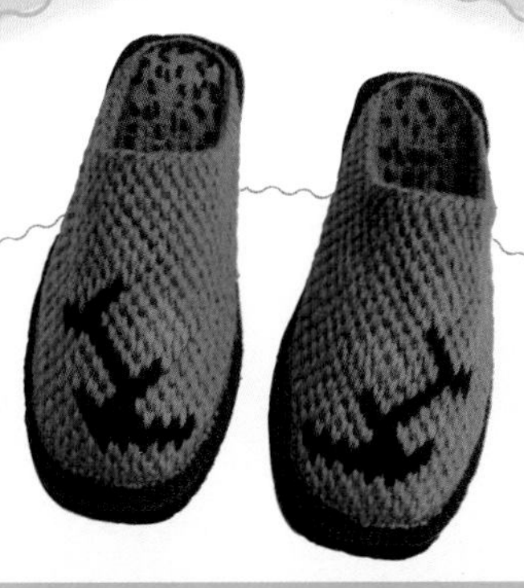

含笑花开

建议：8 针起花

藤本月季

建议：8 针起花

马蹄莲

建议：9 针起花

小蘑菇

建议：10 针起花

含苞待放

建议：8 针起花

三朵金花

建议：无

花粉蝶

建议：9 针起花

环蛱蝶

建议：8 针起花

迷你小蝶

建议：10 针起花

菜花蝶

建议：无

凤尾蝶

建议：8 针起花

花眼蝶

建议：无

蜻蜓

建议：9针起花

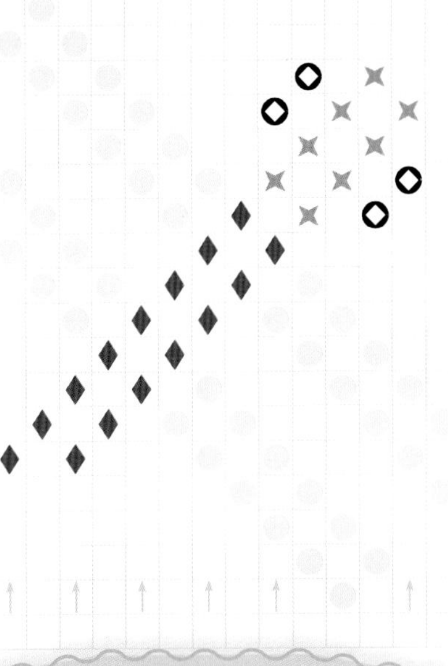

建议：9针起花

欢唱

建议：8 针起花

喜鹊相会

建议：10 针起花

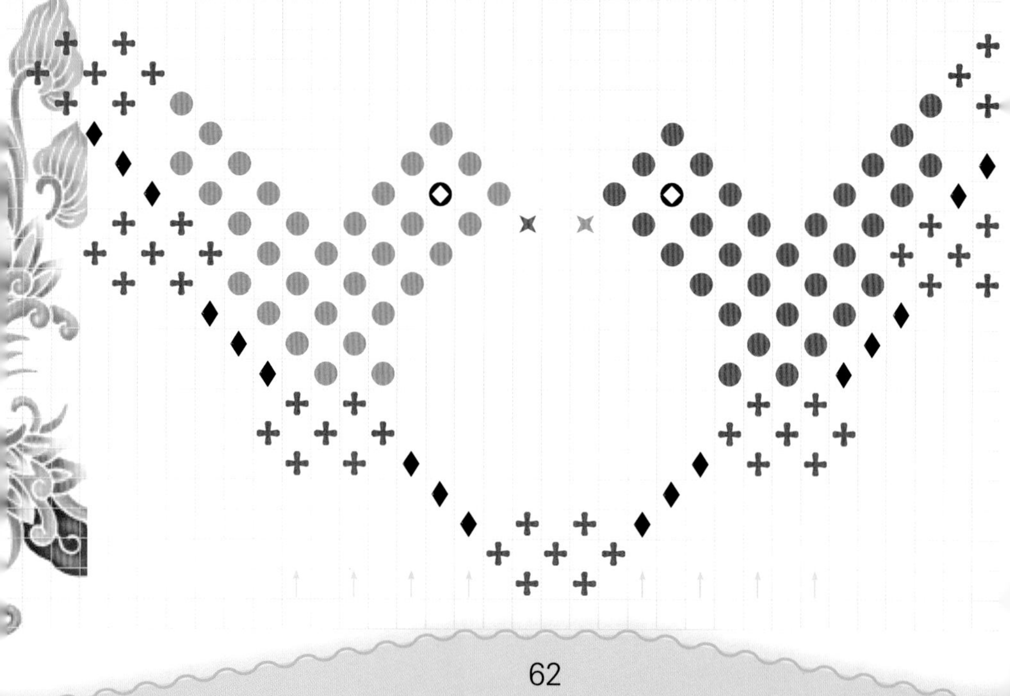

喜相逢

建议：10 针起花

双喜成心

建议：8 针起花

双鸭游

建议：11 针起花

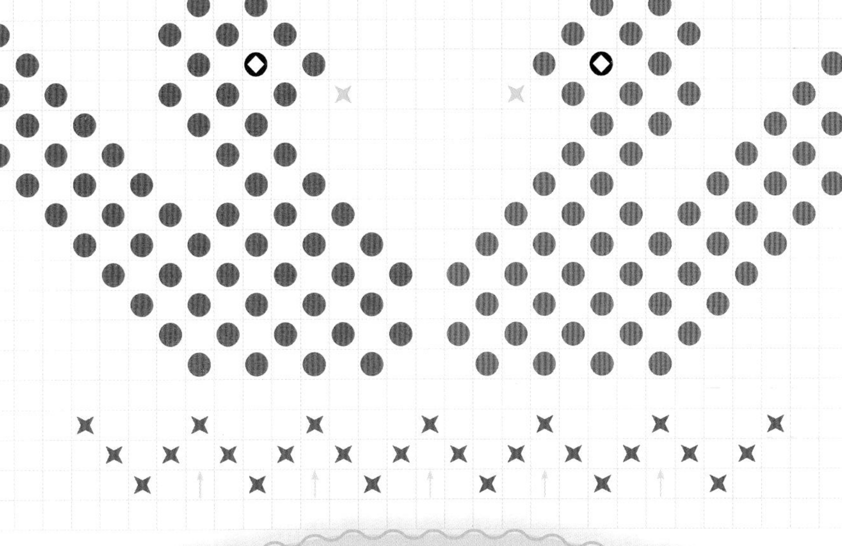

一花共赏

建议：9针起花

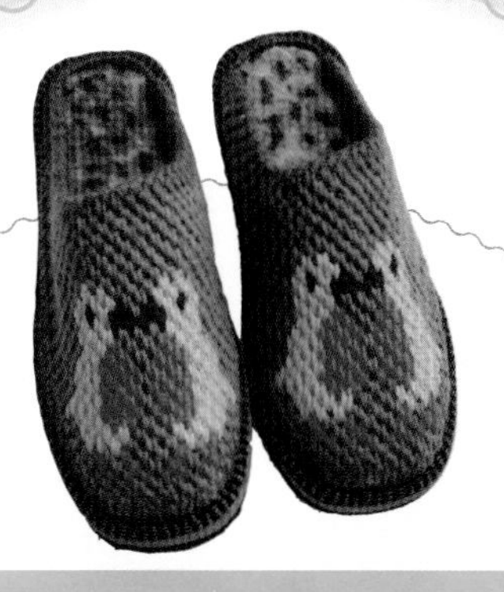

双双成对

建议：8 针起花

鸟语双栖

建议：无

爱情鹅

建议：12 针起花

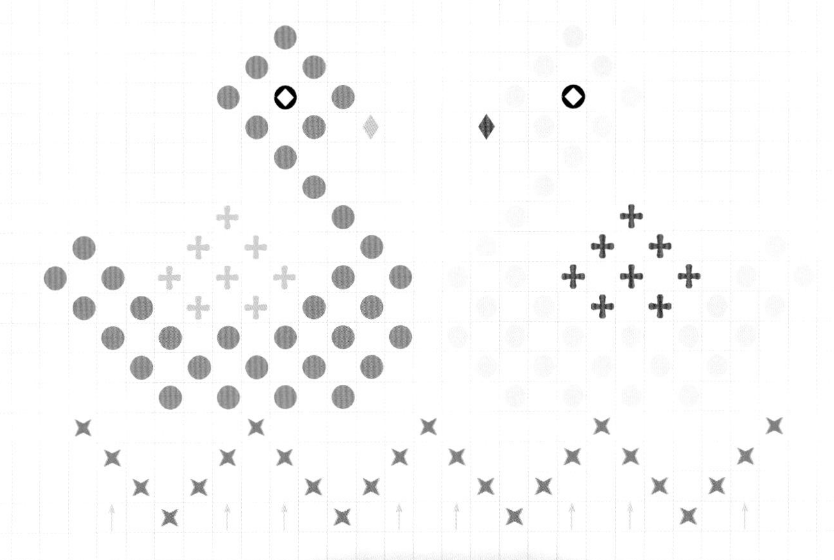

鸳鸯成双

建议：12 针起花

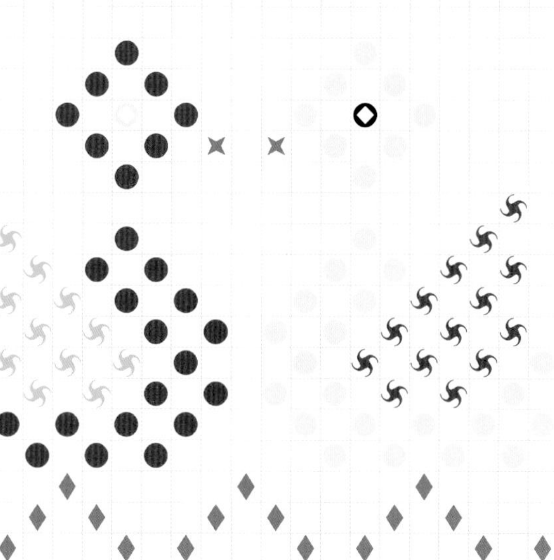

啄木鸟

建议：9 针起花

龟背鸭

建议：9针起花

小飞鸽

建议：10 针起花

纹花鸟

建议：8 针起花

雏鸟展翅

建议：9针起花

傲立枝头

建议：8 针起花

戴帽鸭

建议：8 针起花

展翅欲飞

建议：9针起花

花枝飞鸭

建议：8 针起花

枝头闲鸣

建议：9 针起花

花间杜鹃

建议：8针起花

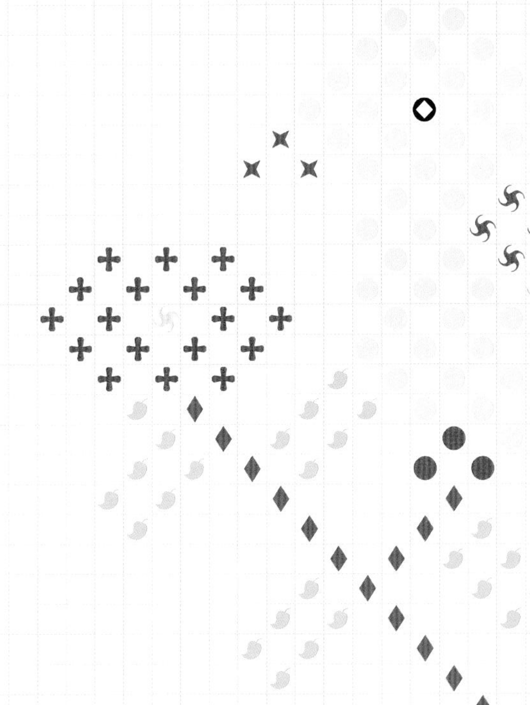

花间鹦鹉

建议：10 针起花

花鸟交映

建议：9 针起花

花鹊一枝

建议：9针起花

花鹭鸶

建议：无

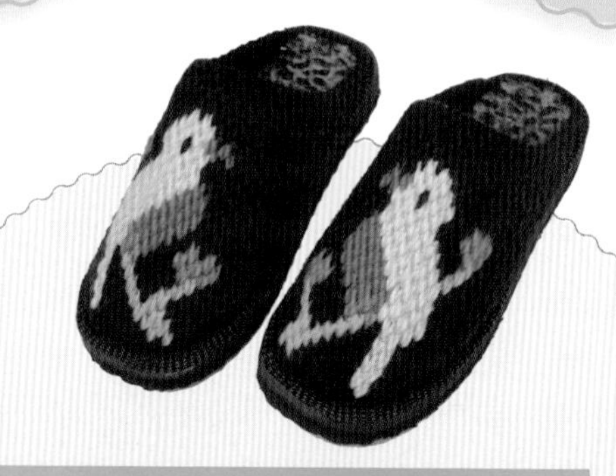

花枝鹦鹉

建议：7 针起花

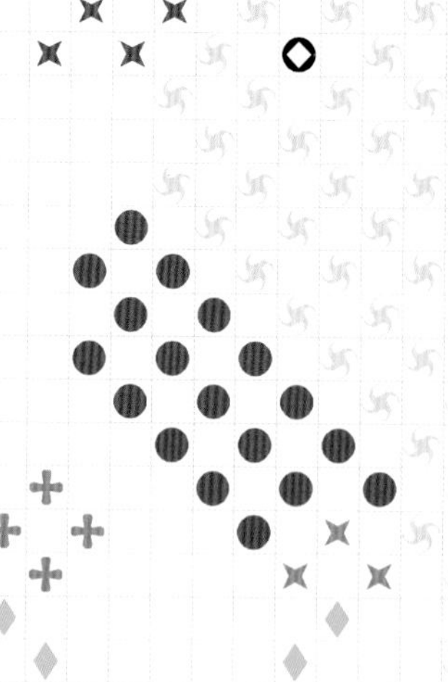

草上鸟鸣

建议：无

花前枝下

建议：无

起 舞

建议：8 针起花

呼唤

建议：11 针起花

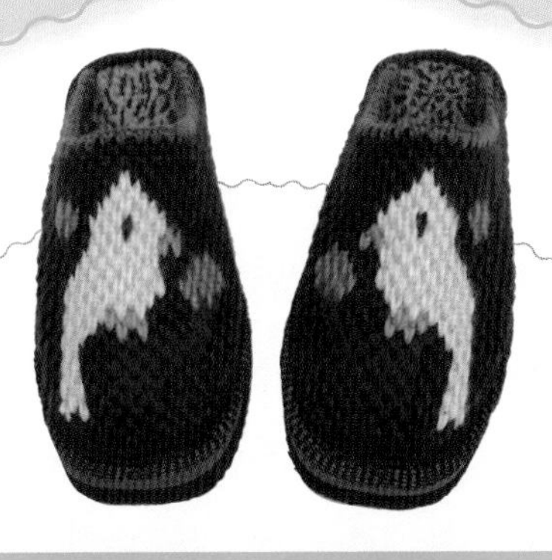

鹊立枝头

建议：9 针起花

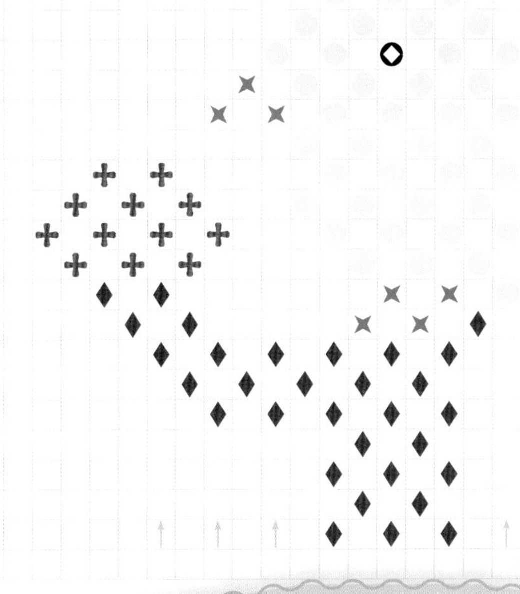

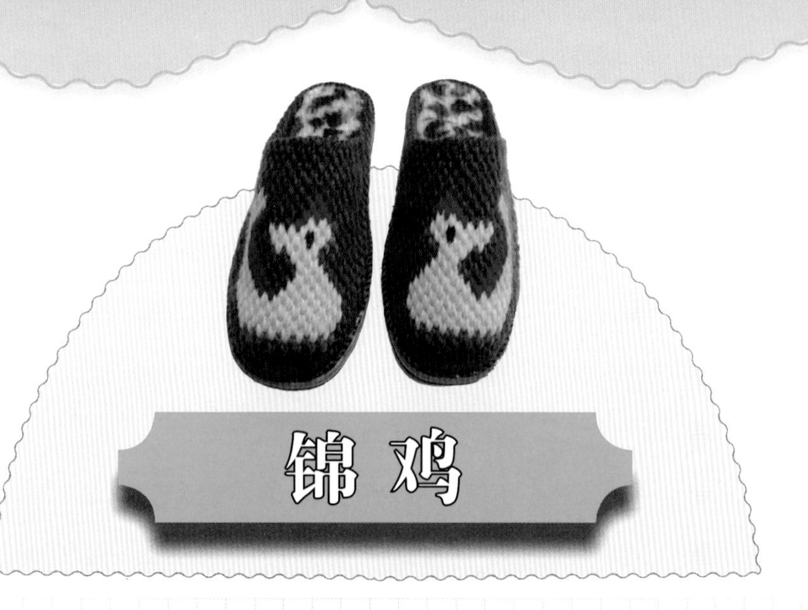

锦鸡

建议：无

山鸡

建议：9 针起花

麻雀

建议：10针起花

花公鸡

建议：7 针起花

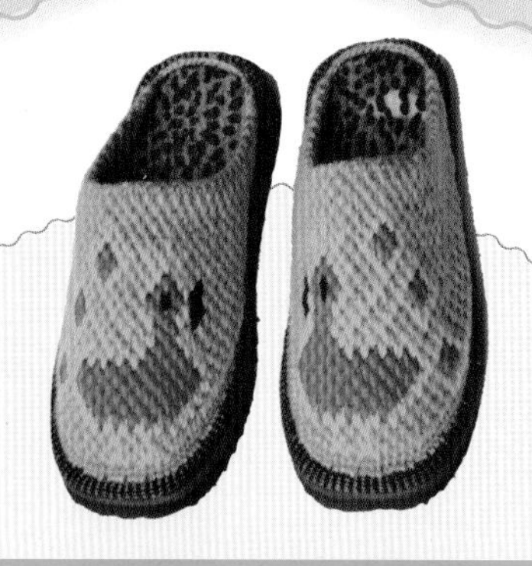

花冠孔雀

建议：6 针起花

鸡

建议：8 针起花

母鸡

建议：8 针起花

漂流鹅

建议：无

漂流鸭

建议：9 针起花

贵宾犬

建议：11 针起花

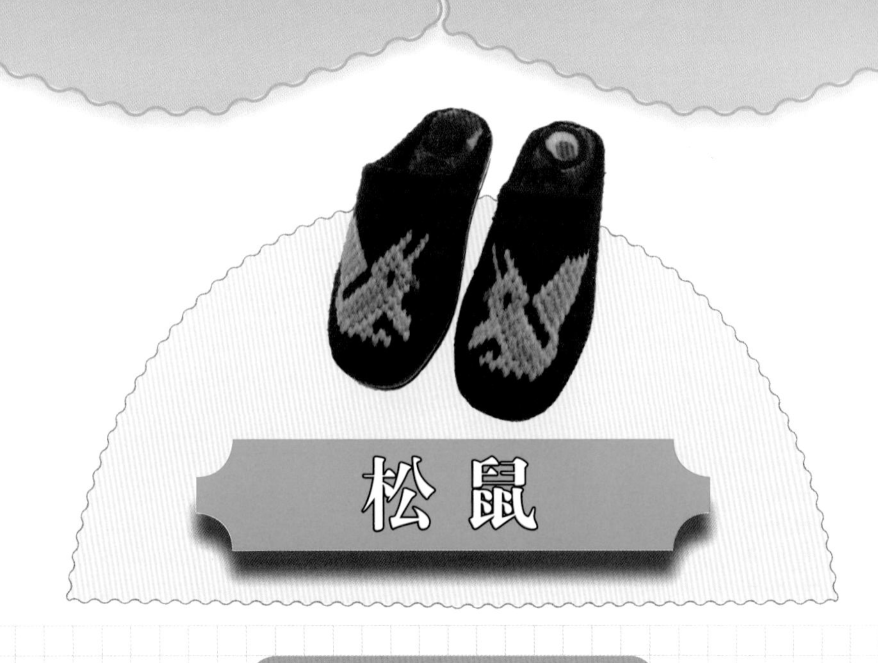

松鼠

建议：9针起花

梅花鹿

建议：11 针起花

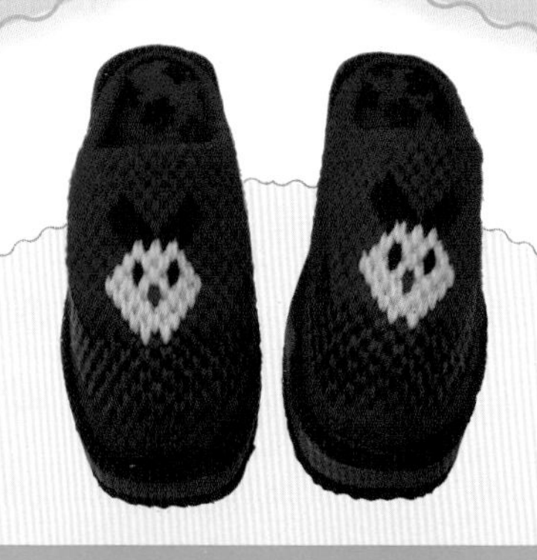

玩具兔

建议：9 针起花

大骆驼

建议：8 针起花

小骆驼

建议：8 针起花

熊猫

建议：8 针起花

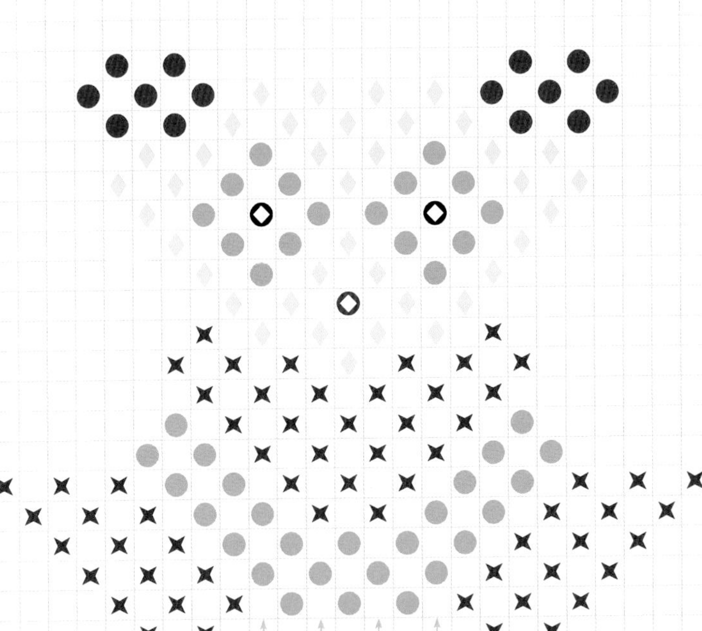

猫咪

建议：8 针起花

迷你熊

建议：9 针起花

长耳兔

建议：无

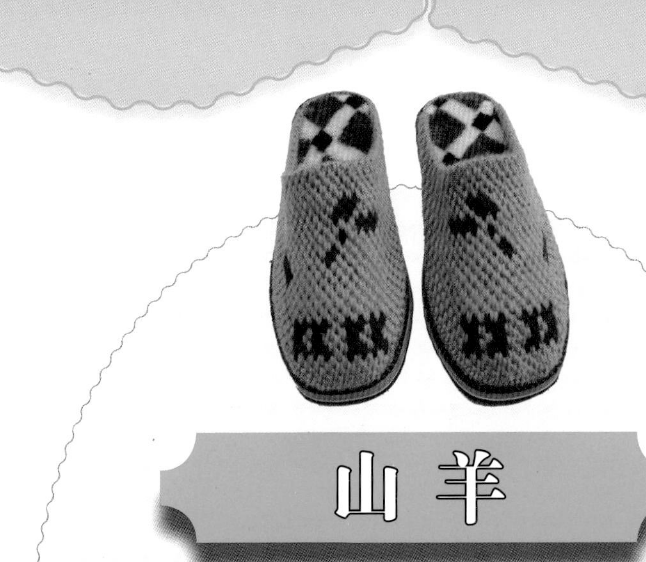

山羊

建议：11针起花

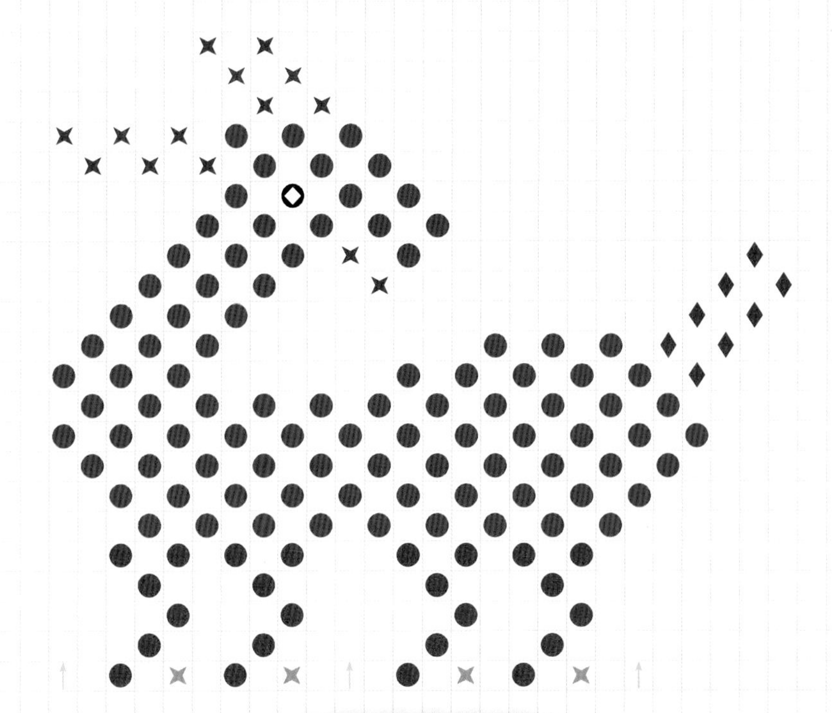

小马

建议：11 针起花

鹿

建议：9 针起花

小哈巴狗

建议：无

小白兔

建议：11 针起花

变色龙

建议：11 针起花

羚 羊
建议：11 针起花

飞龙

建议：7针起花

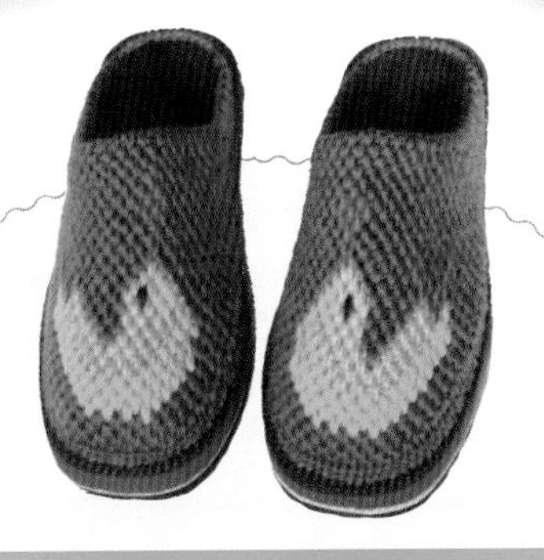

海豹戏球

建议：8 针起花

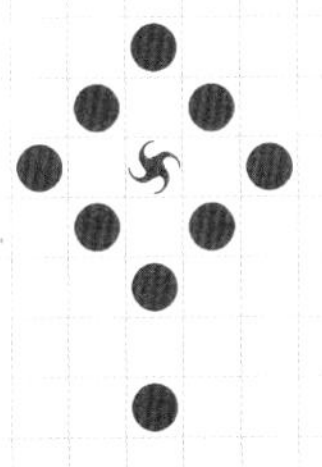

游龙

建议：13 针起花

小鱼

建议：9 针起花

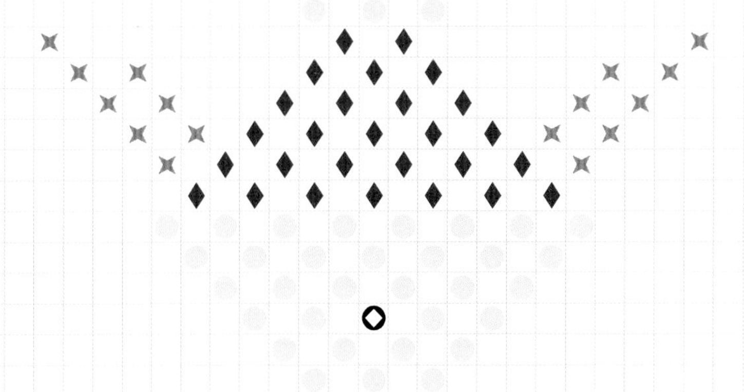

彩鱼

情侣鱼

建议：无

三游鱼

建议：8针起花

美人鱼

建议：8针起花

小人鱼

建议：7针起花

大脸妹

建议：6 针起花

攀枝妹

建议：7针起花

乘船妹

建议：8 针起花

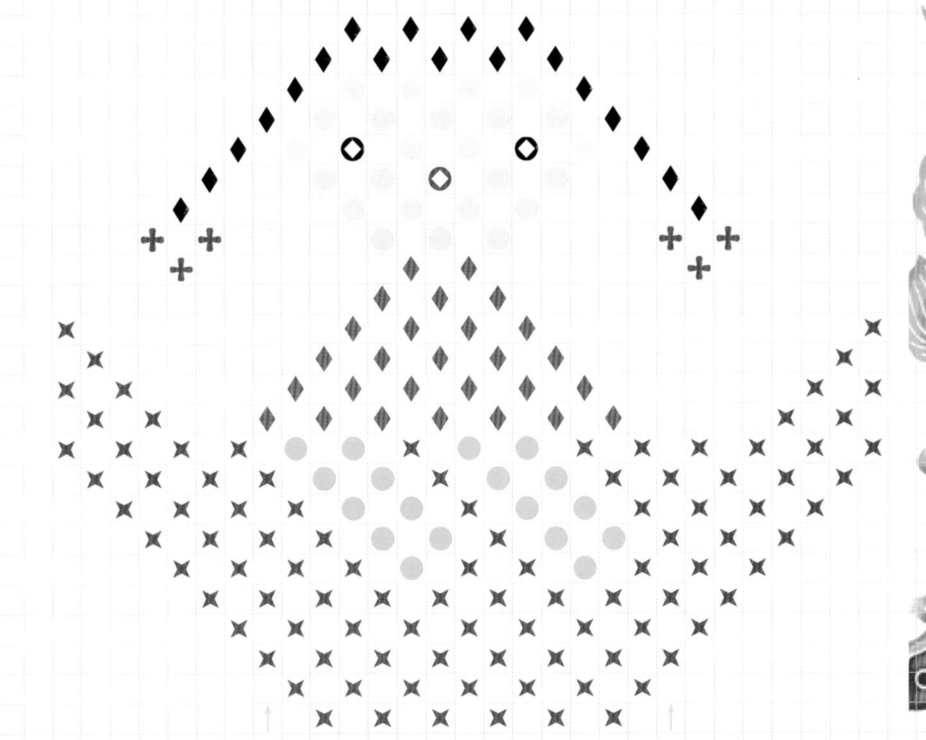

花间妹

建议：7 针起花

邻家小妹

建议：无

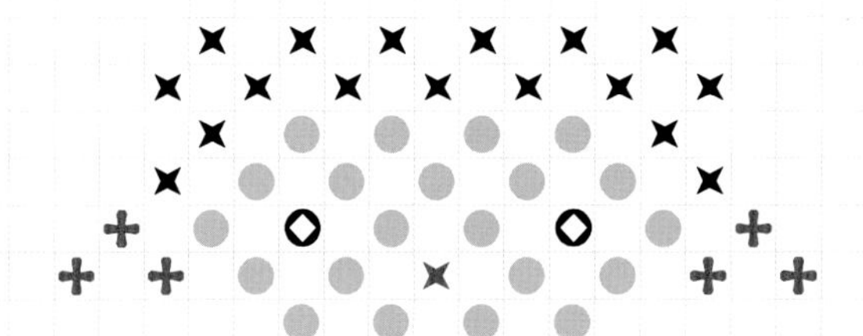

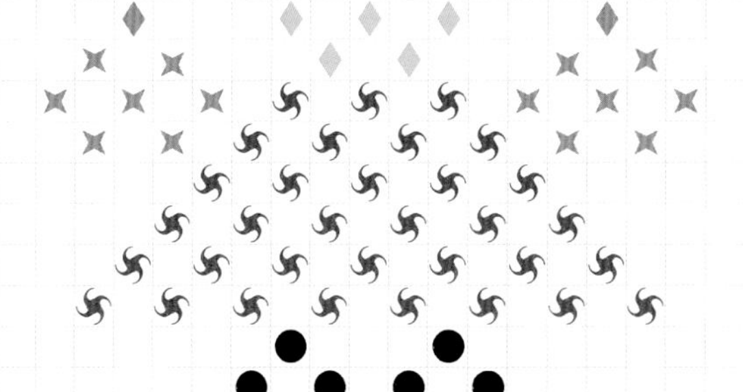

亭亭玉立

建议：5 针起花

撑船娃

建议：9 针起花

乘船娃

建议：9 针起花

福

建议：9 针起花

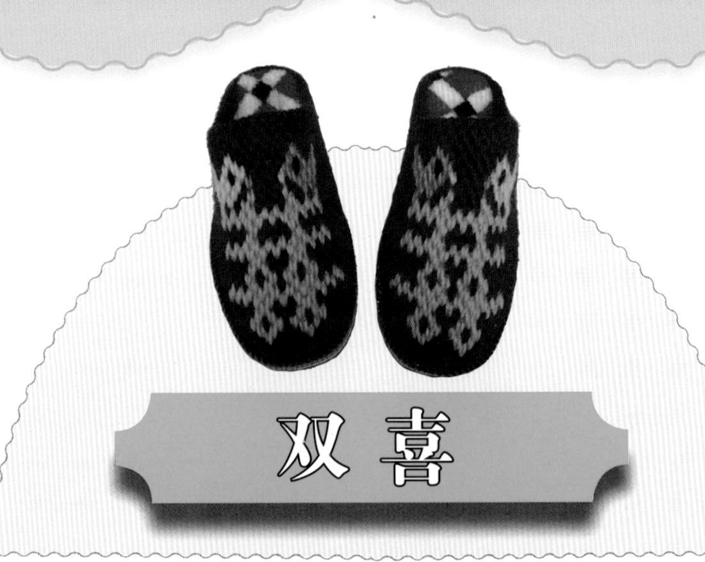

双喜

建议：8针起花

花篮

建议：无

叶妹妹

建议：9 针起花

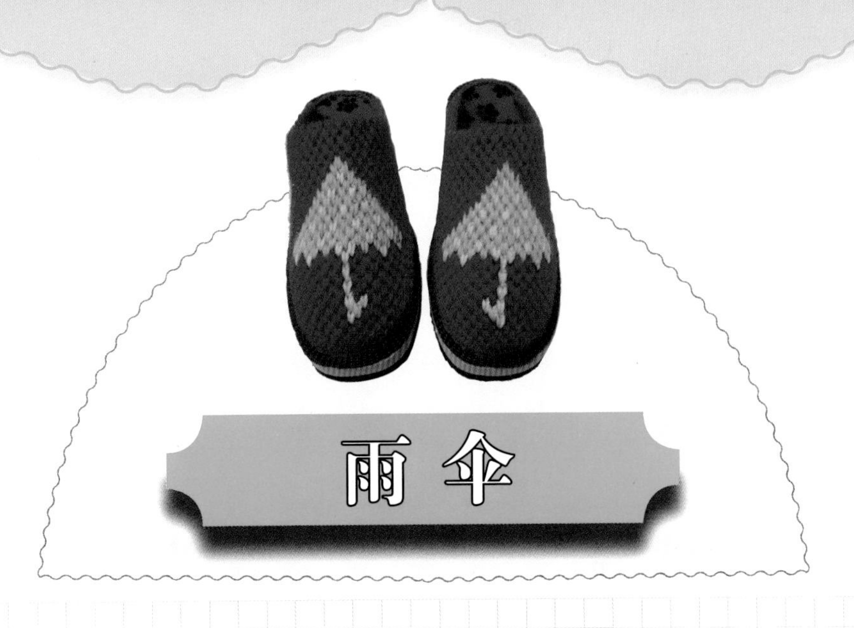

雨伞

建议：7 针起花

战斗机

建议：10 针起花

汽车

建议：11针起花

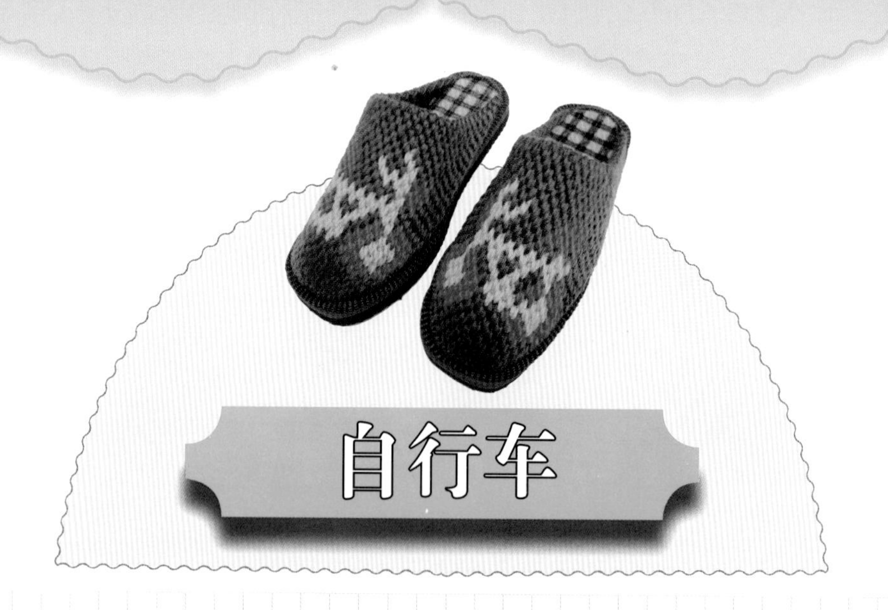

自行车

建议：11 针起花

满地方 1

建议：无

满地方 2

建议：无

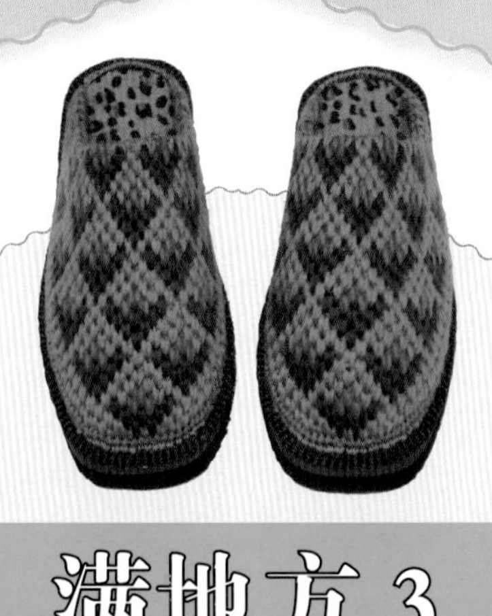

满地方 3

建议：无

满地方 4

建议：无

满地方 5

建议：无

满地方 6

建议：无

茶花

建议：6针起花

太阳花

建议：9 针起花

建议：9 针起花

红杏

建议：12 针起花

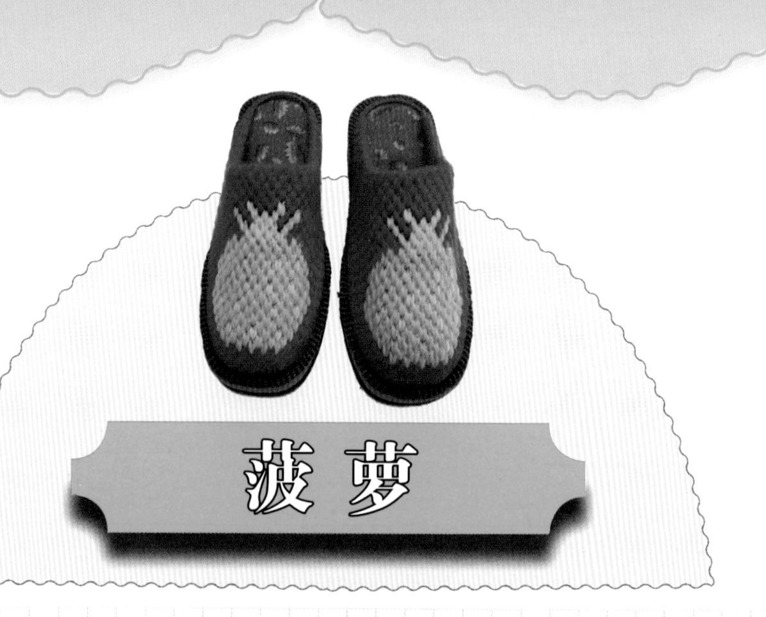

建议：无

黄瓜

建议：9 针起花

娃娃

建议：无

小妹

建议：无

海豹表演

建议：10 针起花

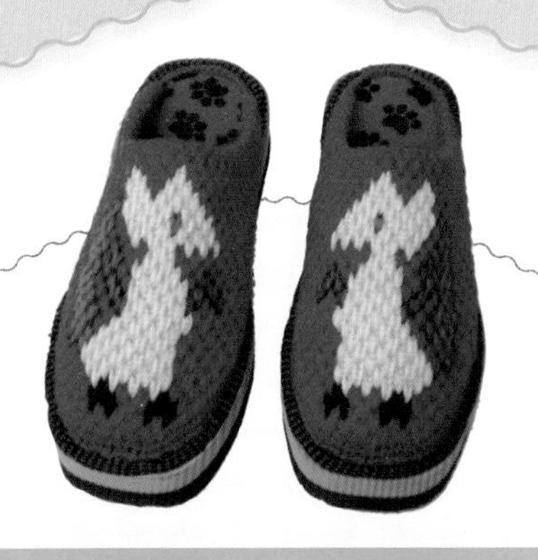

黄鼠狼

建议：8 针起花

采花鸟

建议：9 针起花

拍翅鸟

建议：9 针起花

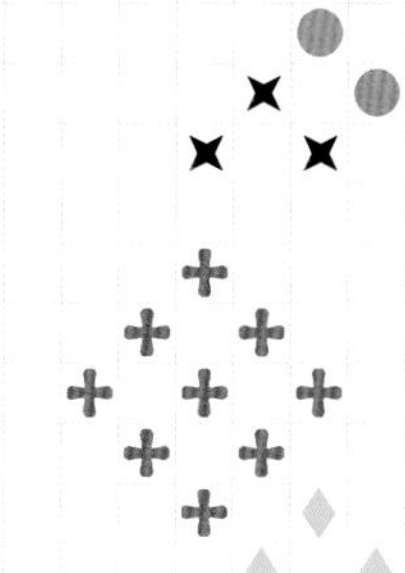

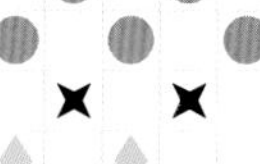

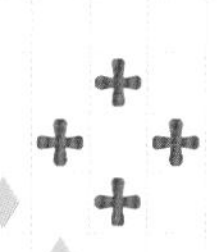

飞翔鸟

建议：14 针起花

火鸡

建议：10 针起花

鹊歇枝头

建议：8 针起花

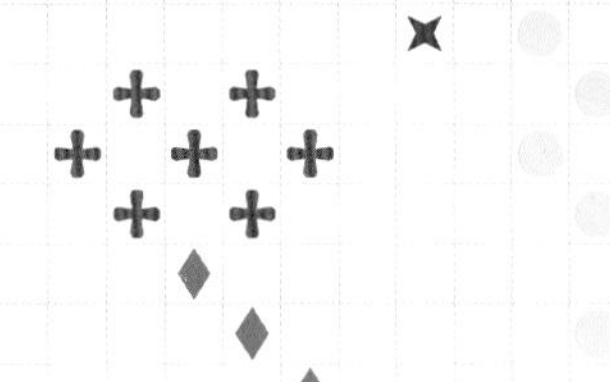

喜上眉梢

建议：8 针起花

树懒

建议：12 针起花

小猪豚

建议：11 针起花

小杏

建议：12 针起花

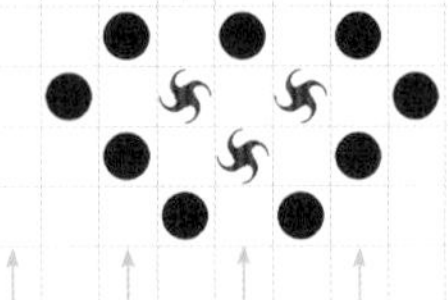

五花共枝

建议：9 针起花

郁金香

建议：11 针起花

小小鸟 1

建议：无

小小鸟 2

建议：13 针起花

小小鸟 3

建议：11 针起花

老鼠

建议：13 针起花

牛

建议：13 针起花

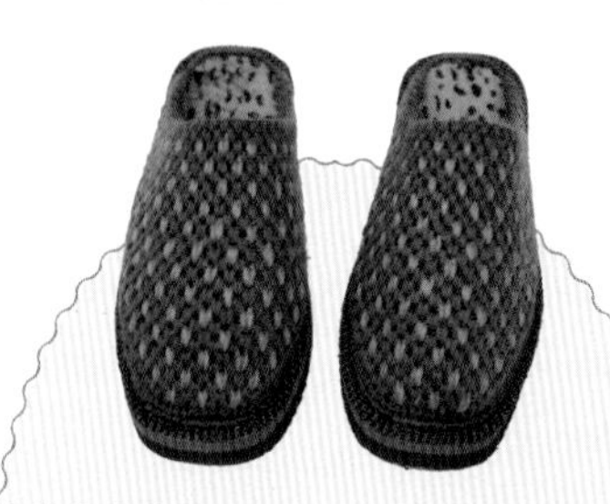

满天星 1

建议：无

满天星 2

建议：无

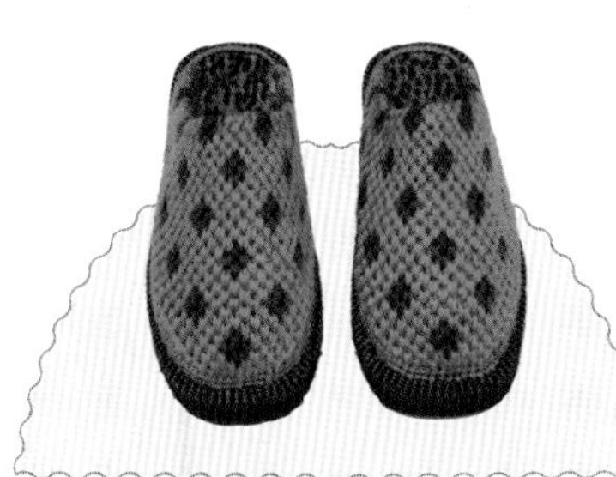

满天星 3

建议：无

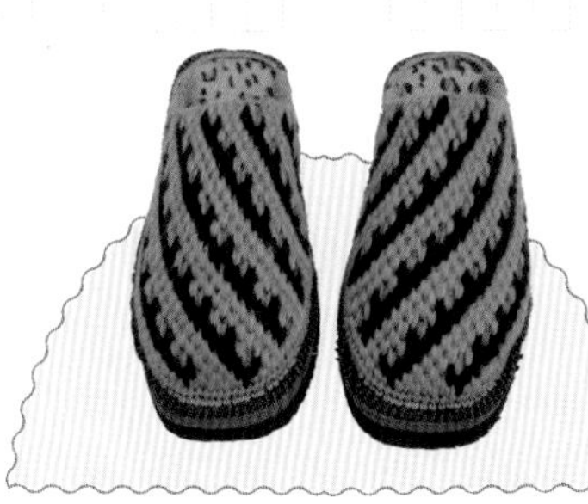

满天星 4

建议：无

满天星 5

建议：无

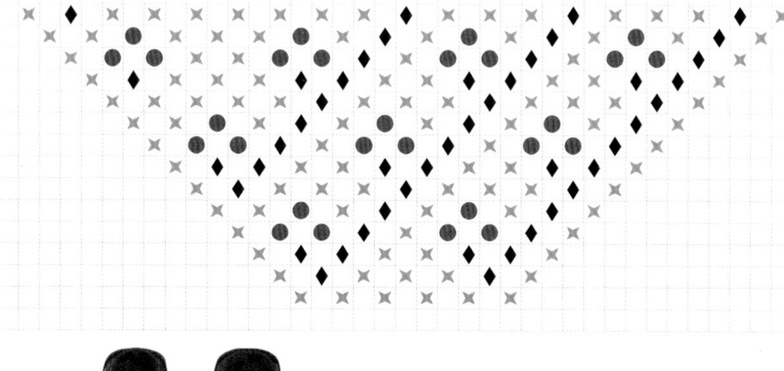

满天星 6

建议：无

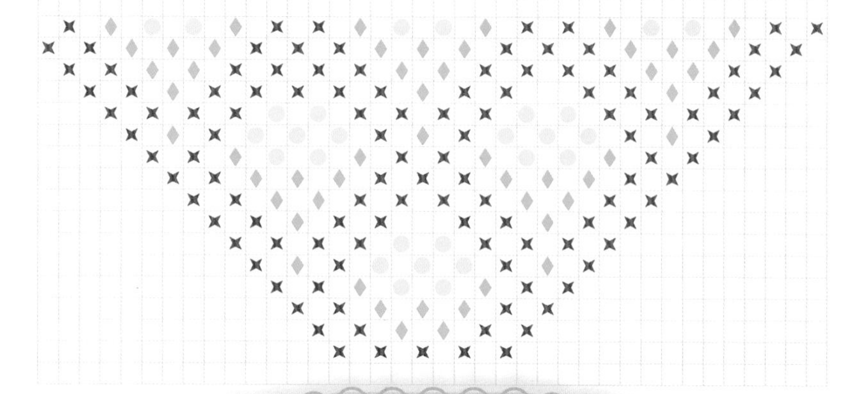